KB193871

우리 동네 크래프트 맥주

우리 동네 크래프트 맥주

초판 1쇄 인쇄 2025년 5월 20일
초판 1쇄 발행 2025년 6월 09일

지은이 염태진, 안호균, 김상응, 송효정, 이성준, 장샛별, 차은서
펴낸이 이범상
펴낸곳 (주)비전비엔피 · 애플북스

책임편집 한윤지
기획편집 차재호, 김승희, 김혜경, 박성아, 신은정
디자인 (본문)이기숙, (표지)인주영
마케팅 이성호, 이병준, 문세희, 이유빈
전자책 김희정, 안상희, 김낙기
관리 이다정
인쇄 새한문화사

주소 우)04034 서울특별시 마포구 잔다리로7길 12 (서교동)
전화 02)338-2411 | **팩스** 02)338-2413
홈페이지 www.visionbp.co.kr
인스타그램 www.instagram.com/visionbnp
이메일 visioncorea@naver.com
원고투고 editor@visionbp.co.kr

등록번호 제313-2007-000012호

ISBN 979-11-92641-93-5 03590

내일은
반짝반짝 빛날

우리 동네 크래프트 맥주

염태진
안호균
김상웅
송효정
이성준
장샛별
차은서

일러두기

* 각 양조장의 형태에 사용한 용어의 뜻은 다음과 같습니다.
  - 브루어리: 맥주를 직접 만드는 공간. 단, 일반인을 위한 펍을 제공하지 않음
  - 브루펍: 일반인을 위한 펍을 갖춘 브루어리
  - 직영펍: 양조장이 공급하는 맥주를 마실 수 있는 공간. 양조 시설 없음
  - 계약양조: 자체 양조 시설 없이, 위탁으로 자체 맥주를 생산하는 양조 방식
* QR을 스캔하면 전국 거의 모든 크래프트 맥주 양조장의 정보를 볼 수 있습니다.

추천사

모든 맥주에는 사연이 있습니다. 그 사연에 귀를 기울이면 누군가의 인생 이야기가 들립니다. 《우리 동네 크래프트 맥주》 첫 페이지부터 동네 어딘가에서 풍겨오는 달큰한 맥주 향이 느껴집니다. 그리고 그 향 속에 맥주의 길을 걷는 사람들의 진한 풍미가 녹아 있습니다. 작은 양조장 뒤에 있는 결코 작지 않은 인생 이야기를 하나씩 맛보다 보면 한국 크래프트 맥주가 휴식처라는 것을 깨닫습니다. 때론 기쁘고, 때론 슬픈, 그리고 때론 잔잔한 우리네 사연을 들어주는 크래프트 맥주는 그래서 일상의 문화가 됩니다. 《우리 동네 크래프트 맥주》가 한국 크래프트 맥주 문화의 길을 밝혀주는 등대가 되리라 믿어 의심치 않습니다. 이 책을 읽는 모든 이들이 맥주가 전하는 선한 에너지에 힘을 얻기를 바라며, For Craft!

- **윤한샘** (한국맥주문화협회 회장, '독립맥주공장' 대표)

맥주를 좋아하는 사람들은 맥주도 음식(food)이라 부르며, 어떻게든 끼니를 거르지 않으려 애쓴다. 해외에서는 맥주를 '리퀴드 푸드(Liquid Food)'라고 부르곤 하는데, 이는 아마도 오랜 옛날 맥주를 '액체빵'이라 칭했던 데에서 유래한 듯하다.

이런 맥락에서 책 제목 《우리 동네 크래프트 맥주》를 나름대로 해석해보자면, '우리 동네'는 로컬(Local)을 뜻하고, '크래프트 맥주'는 맛 좋은 신선한 음식이다. 동네 빵집에서 갓 구운 빵을 맛볼 수 있듯, 우리 동네 맥줏집에서는 가장 신선한 '액체빵', 즉 맥주를 즐길 수 있다는 이야기다.

이 책은 맥주를 사랑하는 여러 작가들이 전국의 로컬 크래프트 맥주 양조장을 직접 찾아다니며, 각자의 시선으로 기록한 맥주 문화 답사기다. 숨어있던 맛집을 발견하면 친구들에게 자랑하고 싶어지듯, 작가들은 자신이 만난 양조장과 그곳에서 마신 맥주, 그리고 그 맥주를 만든 사람들에 대한 이야기를 술술 풀어낸다. 소규모 양조장에서만 가능한 다양한 맥주 스타일에, 지역에서 난 특별한 재료와 양조사들의 창의성이 더해져 독창적인 맛과 향이 피어난다. 이 책 또한 그런 크래프트 맥주를 꼭 닮았다.

행간에 스며든 작가들의 맥주에 대한 애정이 맥주 거품처럼 넘쳐흘러, 책장을 넘기다 보면 자신도 모르게 맥주를 찾게 될지도 모른다. 그러니 미리 《우리 동네 크래프트 맥주》 한 잔과 함께 페어링(pairing)해 읽기를 권한다.

- **이인기** (맥주 잡지 <비어포스트> 발행인, 한국수제맥주협회 회장)

이 정도면 어벤져스 아냐?' 처음에 저자들 이름을 듣고 놀랐다. 대부분 내가 맥주 공부할 때 탐독한 책을 쓴 작가들이었기 때문이다. 빈말이 아니다. 나는 그들이 그동안 펴낸 책을 통해 맥주를 더 깊게 느끼고 이해할 수 있게 됐다. 그러니 그들은 '주락이월드의 맥주 선생님'이나 마찬가지인 것이다. 이렇게 나의 맥주 세계를 넓혀준 선생님들이 의기투합했다고 하니 이 책 역시 안 읽어볼 도리가 없었다. 저자들은 전국 방방곡곡 크래프트 맥주 양조장으로 우리를 데리고 간다. 양조장이 어떻게 탄생했고 어떤 스타일의 맥주를 어떤 방식으로 만드는지 상세히 설명해준다. 안내가 어찌나 친절한지 마치 양조장에 가서 듣고 있는 것 같은 착각이 들 정도이다. 한국 크래프트 맥주의 현주소가 궁금하다면 더도 말고 딱 이 책 한 권이면 충분하다. 누구보다 맥주를 사랑하는 이들이 마음을 합쳤다. 그리하여 진한 홉 향 가득한 맥주 책 한 권이 세상에 나왔다. 정말이지 이 책은 나 혼자 읽기엔 너무 아깝다. 여러 권 사서 여기저기 뿌려야겠다. 그러면서 이렇게 말하려고 한다.

"술꾼이라면 이 책은 꼭 읽어봐. 정말 좋은 책이거든."

- **조승원** (술이 있어 즐거운 세상, 주락이월드, 《버번 위스키의 모든 것》《스카치가 있어 즐거운 세상》)

맥주를 주로 판매하는 술집을 의미하는 '펍'(Pub)이라는 단어는 '퍼블릭 하우스'(Publice House)가 줄어서 된 말이다. 한 지역의 사람들이 누구나 들러서 즐겁게 한 잔 하고 갈 수 있는, 공공의 공간이라는 얘기다. 이렇게나 맥주라는 술에는 지역성이 강하게 깃들어있다. 독일의 격언에 "맥주는 그 양조장의 굴뚝 그림자 안에서 마시는 것이 가장 맛있다"는 말이 있는 것도 이와 같은 맥락이다. 냉장유통이 발달하지 않았던 과거에는 맥주의 선도 때문에라도 지역 양조장의 술을 마셔야 했을 테지만, 이름난 술이라면 지구 반대편의 편의점 냉장고 안에서 발견하는 것이 어렵지 않게 된 지금도 로컬 양조장과 펍들은 고유한 가치를 가진다. 그 지역의 인적, 물적 네트워크뿐만 아니라, 지역 사람들이 만드는 '가치의 네트워크' 안에서 술이 만들어지고 소비되기 때문이다. 《우리 동네 크래프트 맥주》는 맥주의 이러한 '맥락 소비'를 가능하게 해주는 쿠폰북이나 다름없다. 더군다나 그 쿠폰의 발행인들이 모두 우리 맥주계의 쟁쟁한 별들이다. 엉덩이가 들썩거리지 않을 도리가 없다. 이번 주말에라도 이 책을 손에 들고 우리 동네 펍 여행에 나서 보실 것을 강력히 추천드린다.

- **탁재형** (여행 저널리스트, 《우리술 익스프레스》 저자)

영국을 여행하며 마주친 펍, 그리고 그곳에서 만난 전통 맥주. 기대와 달리 밍밍했던 첫 맛은 오히려 영국 맥주를 제대로 경험하게 해주었다. 서울의 맥주 전문가가 추천한 '손잡이가 큰 탭'의 캐스크 에일을 다시 맛보며, '맥주계의 평양냉면'이라는 말을 떠올렸다. 처음엔 낯설었던 그 밋밋함 속에서, 두 번째 잔을 들이키니 맥주가 품은 깊이와 이야기가 새롭게 다가왔다. 전통맥주를 되살리려는 영국 맥주 애호가들의 노력으로 이제는 영국 펍의 주인공으로 자리잡은 감동적인 맥주 이야기. 미국에서 크래프트 맥주 열풍을 일으킨 사무엘 아담스를 시작한 짐 콕 이야기만큼 울림이 있다.

크래프트 맥주는 호기심에서 시작된 여정이다. 세상에 없던 맛을 찾아보고, 나만의 맥주를 만들어보고 싶은 마음. 그래서인지 수제 맥주 가게에는 저마다의 이야기가 숨어있다. 그 공간의 분위기, 맥주를 만든 사람의 생각, 동네의 추억까지 맥주 한 잔에 담겨 있다. 그런 맥주 펍을 찾아다니며, 새로운 맛과 이야기를 만나는 일은 곧 나를 찾아가는 과정이기도 하다.

2014년, 국회의원 시절 맥주법을 개정하며 수제 맥주 문화의 문을 열었던 순간이 떠오른다. 맥주 애호가들의 열정과 응원, 그리고 다양한 맥주를 통해 서로의 취향과 개성을 존중하는 따뜻한 마음들이 맥주 한 잔에 스며들고 있다는 생각에 지금도 뿌듯하다.

이 책에서 그런 여정을 보게 된다. 내가 뭘 좋아하는지, 친구가 어떤 맛을 좋아하는지, 서로의 개성을 알아가며 어울려 사는 세상. 그 따뜻한 심성이 맥주에 녹아드는 순간을 느끼게 해주는 책이다. 이제, 당신만의 이야기가 담긴 맥주 여행을 시작해 보길 바란다.

- **홍종학** (전 중소벤처기업부 장관)

서문

"언제 밥 한번 먹자"

어느 조사에 의하면, 친구에게 하는 빈말 가운데 1위가 이 말이라고 합니다. 하지만 이 책의 저자들은 이 말이 계기가 되어 공동으로 책을 쓰게 됐으니, 그리 빈말은 아니었나 봅니다. 그 시작은 "언제 맥주 한번 마셔요."였습니다. 각자 친하게 지내던 동료 네트워크는 확대되어, 저를 비롯하여《맥주 맛도 모르면서》의 안호균 님,《용BEER천가》의 김상응 님,《오늘의 맥주》의 이성준 님,《잔이 비었는데요》의 장샛별 님, 유튜브 〈맥주 한잔〉의 송효정 님이 한자리에 모이기로 의기투합하고 조촐한 맥주 파티를 열었습니다. 그 맥주 파티에 '맥심자카골드'라는 이름을 붙였습니다. '맥'주의 중'심' '작가'들이 모여 '금빛' 파티를 가진다는 의미의 허세를 담았습니다. 대전의 모 펍에서 진행한 맥주 파티에는 저자들뿐만 아니라 전국에서 모인 40여 명의 맥주 애호가들이 함께했습니다. 그날 장차 맥주 책을 쓰겠다는 포부를 가진 차은서 님을 만났습니다.

다음 날, 마치 대규모 콘서트를 마친 가수처럼 공허한 기분이 들어 카톡 대화창을 열고 후일담을 나눴습니다. 그때였습니다. 이 네트워크를 이대로 끝내서는 안 된다고 생각한 것이. 평소 전국 맥주 양조장 투어에 대한 책을 쓰고 싶었다고 말을 꺼냈을 때 반응은 뜨거웠습니다. 대한민국 맥주 양조장의 현황을 한꺼번에 볼 수 있는 곳이 없다는 아쉬움과 단순히 맥주를 마시는 것뿐만 아니라 배경이 되는 이야기를 듣고 싶었던 욕망이 공통으로 자리잡고 있었기 때문입니다. 그런 이야기를 나눈 후 출판 기획을 하고 출판사와 계약까지 한걸음에 진행되어, 1년 여가 지난 지금 출간을 앞두고 있습니다.

《나는 세계 일주로 경제를 배웠다》라는 책은 경제 애널리스트였던 작가가 회사를 그만두고 전 세계를 돌아다니며 물건을 파는 이야기인데, 그중 모로코에서 산 카펫에 카펫을 만든 여성의 이야기를 담아 웃돈을 얹어 되판 에피소드가 흥미롭습니다. 우리 또한 맥주의 이야기에 주목했습니다. 맥주를 마시는 것은 맥주의 풍미를 음미하기 위해서입니다. 흔히들 맥주의 풍미를 말할 때, 맥주의 맛과 향과 질감뿐만 아니라 맥주를 마시는 분위기나 맥주에 대한 과거의 기억까지도 풍미에 영향을 끼친다고 합니다. 그리고 여기에 하나 더 얹자면 바로 '이야기'입니다.

이 책은 대한민국 크래프트 맥주 이야기를 담고 있습니다. 우리는 전국의 맥주 양조장을 일일이 찾아다니며 양조장의 이야기에 귀 기울였습니다. 우리가 맛있게 마셨던 맥주 한 잔을 그들은 어떻게 만들었으며, 그 맥주를 만들기까지 어떤 험난한 과정이 있었는지, 앞으로 어떤 맥주를 만들어낼지 궁금했습니다. 한편으로는 녹록지 않은 한국의 맥주 시장이 안타깝기도 했습니다. 이러한 이야기를 독자들에게 어떻게 전달할 수 있을지, 과연 우리가 한국의 맥주 시장에 도움이 될 수 있을지 고민했습니다.

한국의 소규모 맥주 양조장은 등록 기준 180여 개에 달합니다. 이 책을 쓰면서 조사해 보니, 그중 실제로 운영되고 있는 맥주 양조장은 130여 개쯤 됩니다. 이 책에서는 이 중 29개의 양조장을 다루었습니다. 미처 다루지 못한 양조장에는 미안한 마음입니다. 이른 시일 내로 2권을 출간해 보겠습니다. 이 책을 준비하는 1년 동안에 안타깝게 문을 닫은 양조장도 있고, 새롭게 발을 내딛은 양조장도 있습니다. 양조장의 맥주가 수시로 바뀌기도 했습니다. 방문했을 때 마셨던 맥주가 원고를 마감할 때 생산되지 않아 환상 속의 맥주로 남기도 했습니다. 이처럼 맥주 시장은 변화가 심합니다. 취재한 시점과 독자가 읽는 시점에서 차이가 있을 수 있습니다. 책을 읽다가 이러한 점을 발견하더라도 너그러운 마음으로 이해해 주기를 바랍니다.

책꽂이에 꽂아만 두어도 가치가 있는 책이 되고 싶습니다. 이 책을 처음부터 끝까지 한꺼번에 읽을 필요는 없습니다. 맥주가 생각날 때나 맥주를 마시고 있을 때 꺼내들어 필요한 부분을 찾아 읽는 편이 낫습니다. 요즘은 여행 일정에 맥주 양조장도 많이 찾는 모양입니다. 그럴 때 이 책도 함께 넣어주면 더할 나위 없습니다.

마지막으로 양조장 취재와 양조장 현황 조사에 협조해 주신 모든 양조장 대표님과 양조사님들에게 감사의 인사를 전합니다. 저자들은 대한민국의 크래프트 맥주를 항상 응원하고 있습니다. 내일은 크래프트 맥주!

완벽한 맥주에는 이야기가 필요하다

염태진 편

맥주, 하루를 완성하는 한 잔

이성준 편

잔을 비우고, 글을 채우다
장샛별 편

홉과 효모를 키우는 시골 회사원
김상응 편

맛있는 맥주, 밥보다 좋다

차은서 편

맥주로 이어지는 아름다운 '동네들'을 꿈꾸며

안호균 편

완벽한 맥주에는 이야기가 필요하다

염태진 편

맥주는 마시는 것으로만 알고 살다가, 맥주로 이야기를 할 수 있다는 것을 발견하고 맥주를 주제로 《5분 만에 읽는 방구석 맥주 여행》《맥주 이야기만 합니다》《맥주 한 잔 할까요?(공저)》를 썼습니다. 전국의 맥주 양조장을 찾아다니며 그들의 이야기를 찾아내고 싶었으나, 혼자서는 엄두가 나지 않았을 때 지금의 저자들을 만나 이 책을 기획하게 되었습니다. 완벽한 맥주, 완벽한 양조장에는 '이야기'가 있습니다. 이제 이야기를 들려드리겠습니다.

도심 속 편안한 오후의 모습

- 미스터리 브루잉 -

미스터리 브루잉을 방문한 날은 그동안 최악이었던 미세먼지가 완전히 걷히고 더없이 맑은 날이었습니다. 미스터리 브루잉은 오래전부터 꼭 한 번 취재해 보고 싶었던 양조장입니다. 《방구석 맥주 여행》이라는 책에서 이인호 대표의 말을 인용해 맥주 재료에 대해 설명한 적이 있기 때문입니다. 그는 맥주를 축구에 비유하면서 맥아즙을 축구 경기장이라 하였고 효모를 경기장에서 뛰어노는 선수라고 표현했습니다. 물론 이번이 미스터리 브루잉을 처음으로 방문하는 것은 아니지만, 정식으로 인터뷰 약속을 잡고 처음 방문하는 날이 미스터리 브루잉이 만드는 맥주처럼 투명하고 맑은 날이어서 다행이었습니다. 이런 맑은 날씨는 도심 속의 작은 쉼터 역할을 하는 미스터리 브루잉과 닮았습니다.

'미스터리 브루잉 컴퍼니Mysterlee Brewing Company'는 마포구 공덕의 경의선숲길에 있습니다. 경의선숲길은 버려진 철길 위에 만든 도시 속의 작은 숲으로 서울 시민의 휴식처입니다. 게다가 미스터리 브루잉에서 염리초등학교로 이어지는 도로는 가로수 잎이 하늘을 가릴 정도로 우거진 숲길입니다. 고층 건물로 빽빽한 공덕이지만 그 안에 초록의 숲과 미스터리 브루잉이 있습니다. 공덕으로 출근하는 회사원이나 공덕에 살고 있는 주민에게 미스터리 브루잉은 편안한 휴식 공간을 제공합니다.

미스터리 브루잉을 설립한 이인호 대표는 한국 크래프트 맥주를 발

미스터리 브루잉은 도심 속에서 편안한 휴식 공간을 제공합니다

전시킨 공이 있습니다. 한국의 크래프트 맥주는 크게 두 가지 덕분에 발전했습니다. 하나는 양조장을 직접 설립해 한국만의 크래프트 맥주를 만든 것이고, 또 하나는 맥주 커뮤니티를 중심으로 한 맥주 애호가들의 활동입니다. 이인호 대표는 '비어포럼'이라는 맥주 커뮤니티를 만들었고, 현재는 크래프트 맥주 양조장을 운영하고 있으니, 한국의 맥주 문화를 중심에서 이끌었다고 할 수 있습니다.

2002년에 출발한 한국의 크래프트 맥주 사업은 2010년대에 진정한 '맥주 문화'로 발돋움했습니다. 2000년대 초반 독일 맥주 위주의 1세대 양조장을 중심으로 새로운 맥주 문화의 토양을 다졌다면, 2010년대에는 맥주 애호가 사이에서 직접 맥주를 만들고 맥주 정보를 공유하는 문화가 싹을 틔웁니다. 맥주도 독일 맥주가 아니라 미국 크래프트 맥주로 중심이 옮겨갔고, 미국 크래프트 맥주를 배우자는 움직임도 생깁니다.

한국 맥주 문화를 이끈 두 개의 커뮤니티가 있습니다. 2002년 소규모 맥주 면허가 도입된 해에 시작하여 현재까지 활발하게 운영되고 있는 '맥주 만들기 동호회맥만동'는 주로 맥주의 재료부터 양조법, 양조 기술 등의 홈브루잉home brewing 정보를 교류하는 커뮤니티입니다. 이곳에서 취미로 맥주를 만들다 상업 양조장을 열어 한국 크래프트 맥주 문화를 이끈 양조장도 있습니다. 경기도의 '히든트랙 브루잉', 춘천의 '스퀴즈 브루어리', 강릉의 '버드나무 브루어리', 속초의 '몽트비어' 등이 대표적입니다.

맥주 시음과 크래프트 맥주 문화를 즐기기 위해 만들어진 커뮤니티도 있었습니다. 2012년 8월 이인호 대표가 주변의 맥주 애호가와 함께 만든 '비어포럼'이라는 온라인 커뮤니티입니다. 이 모임에는 《The Beer 맥주 스타일 사전》의 저자이기도 하고 현재 한국맥주교육원을 이끄는 김만제 원장을 포함하여 다섯 명의 회원이 있었습니다. 각자 맥주 칼럼을 쓰던 다섯 명이 차라리 한데 모여 쓰자는 생각으로 비어포럼을 뚝딱 만들었다고 합니다. 비어포럼에서는 새로운 맥주가 수입되면 주변 펍을 빌려 맥주 시음도 했는데, 그러다 한계를 느껴 만든 것이 '사계' 펍과 '파이루스' 펍입니다.

사계 펍은 이인호 대표가 처음으로 맥주를 업으로 삼은 곳입니다. 어쩌면 현재 미스터리 브루잉 설립의 시발점일 수도 있습니다. 비어포럼에서 시음회 및 시음 교육을 하려면 펍을 빌려야 했는데, 초창기에는 여러 사장님의 도움으로 수월하게 진행되었으나, 시음회와 교육이 잦아지면서 밤새 펍을 운영한 사장님들의 피로도가 쌓였습니다. 이러한 점 때문에 그들만의 장소가 자연스럽게 필요해졌습니다. 사계는 2013년 11월에 만들어져 맥주 애호가들의 사랑방이 되었습니다. 그리고 이인호 대표는 6개월 후 이태원에 또 하나의 펍을 엽니다. 바로 배꽃이 연상되는 이름 '파이루스Pyrus' 펍입니다. 파이루스는 배꽃의 학명입니다. 사계와 파이루스는 단순히 수입된 맥주만 판매하지 않고 계약 양조로 직접 만든 맥주를 판매하기도 했습니다. 당시 펍에서 취급하던 여섯 종의 맥주가 자가 양조 맥주였다고 합니다. 이때 쌓은 양조 경험이 훗날 양조장 설립의 밑천이 되었습니다.

미스터리 브루잉의 설립 밑천은 양조 경험뿐만이 아니었습니다. 미국 크래프트 맥주 투어도 큰 도움이 되었습니다. 미국 맥주 투어는 현재 이태원에서 '사우어 퐁당'이라는 펍을 운영하는 이승용 대표와 함께했습니다. 미국에서 직접 맥주 양조를 배운 것은 아니었지만, 그때 시음한 미국 맥주와 맥주 문화에 대한 기억이 미스터리 브루잉의 양조 철학과 양조 전략에 부합했습니다. 이 두 명의 '미스터 리Mr Lee'는 미국 맥주 투어에서 돌아와 자신의 이름을 딴 양조장을 설립합니다. 그렇게 미스터리Mysterlee 브루잉은 2017년 마포구 공덕에 설립되었습

파이루스 펍은 2014년부터 2018년까지 이태원에서 운영되었습니다

니다. 양조장 이름에 양조장의 미스터리Mystery와 설립자의 이름Mr Lee을 함께 담은 센스에서 일종의 미국식 개그 같은 재치가 엿보입니다.

그런데, 양조장을 왜 공덕에 열었을까요? 이인호 대표는 두 개의 펍을 운영하면서 크게 망하지는 않았지만 그렇다고 성과가 좋았던 것도 아니었다고 합니다. 대신 이 경험으로 비즈니스 감각을 높였고, 양조장 설립의 꿈을 키웠습니다. 그러면서 공덕을 유심히 살펴보고 있었습니다. 공덕은 강남, 을지로, 여의도 다음으로 큰 업무 단지이기도 하고, 주변에 대단지 아파트들이 있으니, 평일의 직장인뿐만 아니라

공덕에는 고층 건물과 대단지 아파트 사이로 경의선숲길이 뻗어 있습니다

주말의 가족 단위 손님이 생기면 주 7일 상권이 될 수 있다고 본 것입니다. 이후 공덕에 경의선숲길이 활성화되고 맛집 거리도 생겨 사람들이 모이고 활기가 넘쳐 나는 동네가 되었습니다. 공덕은 '큰 덕'이라는 뜻이라는데, 이인호 대표의 혜안이 있었기에 그 덕의 일부를 받을 수 있었나 봅니다.

하지만 미스터리 브루잉의 덕은 양조장 터에만 있는 것이 아닙니다. 바로 그들의 맥주에 있습니다. 미스터리 브루잉의 맥주 이야기를 해보겠습니다. 이인호 대표의 양조 철학은 '모든 맥주를 다 잘하자'라고 합니다. 자칫 시시해 보이고 개성이 없어 보일 수 있습니다. 하지만 특정 분야의 맥주를 잘 만드는 양조장은 많아도, 두루두루 맥주를 잘 만들어내는 것은 쉬운 일이 아닙니다. 이인호 대표는 가장 좋아하고, 닮고 싶은 양조장으로 미국의 '파이어스톤 워커Firestone Walker Brewing'를 꼽습니다. 파이어스톤 워커는 캘리포니아 양조장의 명가답게 IPA 계열을 잘 만들기도 하지만, 스타우트나 배럴 에이징 계열의 맥주도 잘 만들어냅니다.

그럼, 모든 맥주를 잘 만들려고 시도한 맥주에는 무엇이 있을까요? 그중 몇 가지를 소개해 드리겠습니다. 우선 캐주얼한 맥주가 있습니다. 미스터리 브루잉은 맥주 애호가만 찾아오는 곳이 아닙니다. 가족 단위의 일반인도 많기 때문에 편안한 맥주를 만들었습니다. 그중 하나가 이탈리안 필스너입니다. 필스너는 세계에서 가장 많이 마시는 스타일의 맥주입니다. 이탈리안 필스너는 원래 이탈리아에서 유럽의 홉으로 드라이 호핑dry-hopping하여 만든 필스너였지만 미국의 크래프트 맥주 양조장이 더욱 발전시킨 맥주 스타일입니다. 미스터리 브루잉은 홉을 과감하게 사용하여 차별화된 미국식 이탈리안 필스너를 만들었습니다.

미스터리 브루잉이 만든 미국식 호피 라거 중에는 '콜드 IPA'와 '반짝반짝'이라는 이름의 웨스트 코스트 필스너West Coast Pilsner도 있습니다. 과거에 에일처럼 라거에 홉을 퍼부어 만든 맥주를 IPLIndia Pale Lager이라 불렀습니다. IPL은 높은 도수와 강한 쓴맛 등 IPA의 골격을 유지하면서 효모만 에일 효모에서 라거 효모로 바꾼 맥주입니다. 하지만 라거의 깔끔함과 청량감이 기대만큼 나오지 않았습니다. 이러한 단점을 극복하여 만든 것이 콜드 IPAcold IPA입니다. 미스터리 브루잉의 콜드 IPA는 옥수수와 쌀을 부가물로 사용해 올몰트의 무거움을 줄이고, 청량하면서도 홉 아로마가 풍부한 라거로 만들었습니다. 기존의 호피 라거보다 한층 라거에 가까운 맥주입니다.

콜드 IPA의 높은 도수가 부담스럽다면, 반짝반짝 웨스트 코스트 필스너를 선택해 볼 만합니다. 반짝반짝은 도수를 통상적인 필스너의 알코올 도수인 5%로 맞추었습니다. 알코올 도수를 낮추니 올몰트의 무거움도 크지 않아 부가 곡물을 사용하지 않았고, 대신 미국 홉을 더 넣었습니다. 쓴맛과 알코올 도수를 보통의 필스너 수준에 맞춘 세션 IPL에 해당하는 맥주입니다.

미스터리 브루잉의 대표 맥주들

신경을 많이 쓰고 힘을 주어 만든 맥주는 IPA와 더블 IPA입니다. 미스터리 브루잉은 IPA로 'Grabber'와 'Tropia'를, 더블 IPA로 'Juice News'와 'Deer Crown'을 생산합니다. 이 중 헤이지 더블 IPAhazy double IPA인 '디어 크라운'을 추천합니다. 디어 크라운은 헤이지 IPA가 추구하는 모든 것이 담겨 있는 맥주입니다. 주스 같고 홉 아로마가 풍부하며, 쓰지 않고 부드럽게 넘어가는 맥주입니다. 알코올 도수는 8.2%로 일명 '더블 IPA의 황금 도수'라고 불리는 알코올 도수입니다.

겨울을 상징하는 '블랙앤블랙'도 추천합니다. 국내에 유사한 스타일을 거의 찾아보기 힘든 페스츄리 스타우트pastry stout입니다. 당도와 도

수가 높은 이 맥주는 마치 빵에 발라 먹는 잼처럼 끈적합니다. 이 맥주는 몰트가 많이 들어가고, 몰트를 오래 끓여 수분을 증발시켜 만듭니다. 블랙앤블랙을 만들 때는 밤새 보일링 작업을 하느라 부득이 철야 작업을 하게 됩니다. 보일링이 끝나면 가득 찬 탱크가 반으로 줄어들 만큼 맥주의 밀도가 높습니다. 재료를 많이 쓰고 양조 과정이 쉽지 않아 가격대가 높지만, 생각보다 잘 팔린다고 합니다.

미스터리 브루잉은 맥주뿐만 아니라 음식에도 욕심을 냅니다. 무엇을 골라도 일정 수준 이상으로 맛있는 음식을 제공합니다. 가령 흔한 감자튀김이라고 해도 트러플 오일을 뿌리고 값비싼 치즈를 갈아서 냅

미스터리 브루잉은 맥주뿐만 아니라 음식도 근사한 레스토랑입니다

니다. 맥주와의 페어링이 만족스러운 음식을 내는 것이 목표로, 맥주를 빼더라도 음식 자체로 만족하는 진짜 레스토랑이 되고자 합니다. 인터뷰 도중 주위를 둘러보니 맥주를 곁들여 식사하는 가족의 모습이 르누아르의 그림처럼 편안해 보였습니다. 이처럼 미스터리 브루잉은 도심 속에서 편안한 휴식처를 제공합니다. 광적인 맥주와 편안한 맥주를 동시에 만들고, 맥주 애호가와 일반인을 모두 불러들입니다. 고층 건물과 대단지 아파트로 가득한 공덕, 그 안에 초록의 숲이 있고, 그 안에 미스터리 브루잉이 있습니다.

- **브랜드명**: 미스터리 브루잉
- **브루어리명**: 미스터리 브루잉 컴퍼니
- **설립 연도**: 2017년
- **형태**: □ 브루어리 ■ 브루펍 □ 직영펍 □ 계약 양조
- **특징**: 직접 만든 신선한 맥주와 수준 높은 푸드 페어링이 가능한 도심 속 양조장
- **주요 맥주 및 스타일**: 더 그래버(헤이지 IPA), 디어 크라운(헤이지 더블 IPA), 더 쓰리 레이어스(프룻 사워 에일), 이탈리안 필스너
- **주소**: (브루펍)마포구 독막로 311 재화스퀘어 1층
- **홈페이지**: mysterleebrewing.modoo.at
- **인스타그램**: mysterleebrewing

신맛 맥주의 비밀을 찾아서

- 태평양조 -

신맛은 인류가 신선한 음식과 상한 음식을 구분하기 위해 감지한 맛이라고 합니다. 신맛 그 자체는 인류에게 그렇게 매력적인 맛은 아니었을 겁니다. 하지만 조상들은 먹을 것이 부족했기 때문에 자연 상태의 음식을 먹어도 되는지와 먹으면 탈이 나는지를 구분하기 위해 신맛을 학습해야만 했습니다. 그렇게 인류는 발효와 부패를 체험하면서 생명을 유지했고 생존의 맛을 찾아냈습니다. 한마디로 신맛은 '생존의 맛'이라고 할 수 있습니다. 하지만 현대에 와서 신맛은 더 이상 생존의 맛이 아닙니다. 현대인들은 신맛의 또 다른 매력에 끌리기 시작했습니다. 신맛이 다른 맛과 어울려 풍미를 증폭시킨다는 사실을 알아버렸기 때문입니다. 과일의 단맛에 신맛이 어우러져 매혹적인 맛을 내는 것처럼 다른 음식에서도 신맛의 매력을 찾은 것입니다.

우리는 신맛이 전혀 어울릴 것 같지 않은 분야에서도 신맛의 매력을 찾아냈습니다. 그중 하나가 맥주입니다. 과거의 사람들이 맥주를 마실 때 신맛을 원한 것은 아니었습니다. 마땅한 보존 방법이 없었기 때문에 의도하지 않은 신맛이 나는 맥주를 일상적으로 마실 수밖에 없었습니다. 맥주의 발효에 효모가 역할을 한다는 점을 밝혀낸 것은 겨우 150년 전입니다. 1870년 루이 파스퇴르가 맥주 발효의 마법이 효모의 역할임을 밝혀냈고, 이후 칼스버그의 한센이 맥주의 발효에 필요한 순수 효모만을 배양하는 데 성공했습니다. 이렇게 맥주의 효모를 통제하자 맥주의 신맛도 제어할 수 있었습니다. 하지만 과거 그렇게까지 통제하고 싶었던 맥주의 신맛을 이제는 일부 맥주에서 자연스럽게 허용하고 있습니다. 물론 미쳐 날뛰는 야생마 같은 신맛이 아니라 어느 정도의 통제하에서 절제된 신맛입니다. 순수 배양된 효모가 맥주를 만드는 국가대표 선수였다면, 맥주에 신맛을 내는 선수로 미생물과 야생 효모를 영입하고, 그것을 자연과 양조사라는 감독이 잘 통제하기 때문에 가능한 일입니다.

이렇게 신맛이 나는 맥주를 통칭하여 사워 에일Sour Ale이라고 부릅니다. 국내 사워 에일 양조는 2010년대 초반 본격적으로 시작되었습니다. 자가 생산 맥주를 통해 개인이나 동호회 수준에서 양조하던 사워 에일을 전문 맥주 양조장에서 생산하기 시작한 때가 이 무렵입니다. 2014년에 시작한 '와일드웨이브 브루잉'은 당시 한국인에게 생소한 사워 에일을 만들어 국내에서 신맛 나는 맥주를 마실 수 있는 길을 열었습니다. 이후 사워 에일은 여러 맥주 양조장에서 앞다투어 생산하는 맥주 스타일이 되었습니다. 미국의 팜하우스 에일Farmhouse Ale이나 독일의 고제Gose와 베를리너 바이세Berliner Weisse, 벨기에의 세종Saison은 이제 한국에서도 흔히 볼 수 있는 맥주입니다. 그리고 최근 사워 에일로 시선을 끌고 있는 맥주 양조장이 있습니다. 설립한 지 얼마 되지 않은 태평양조가 그 주인공입니다.

태평양조는 문경의 한적한 시골에 있습니다. 문경 시내에서 자동차로 간다면 약 15분 정도 걸립니다. 저는 대전에서 출발하여 화사 나들목에서 나와 국도로 40분을 더 달렸습니다. 작은 산을 넘고 좁은 천을

태평양조의 양조장은 거대한 고래 뱃속 같습니다. 그 속에 양조 시설이 가득합니다

따라 달리는 길이 너무 아름다워 그 시간이 아주 짧게 느껴졌습니다.

태평양조는 시골의 폐공장을 사들여 거의 그대로 활용하고 있습니다. 천장이 높은 하나의 넓은 공간에 양조 시설을 가득 채웠습니다. 마치 거대한 대왕고래의 뱃속에서 용연향을 만들 듯 맥주를 만들고 있습니다. 탭룸taproom이나 브루펍brewpub도 없고 앉아서 맥주를 마실 작은 공간조차 부족합니다. 양조장 구석의 작은 사무실에서 김만종 양조사를 만났습니다. 양조사에게 들은 사워 에일의 비밀은 흥미로웠습니다.

태평양조는 팜하우스 에일과 사워 에일을 만듭니다. 팜하우스 에일은 옛날 유럽의 농가에서 만들던 맥주라 할 수 있습니다. 팜하우스 에일이 모두 사워 에일은 아니지만 대부분 산미가 나는 특징이 있습니다. 과거 유럽에는 농산물을 수확해 좋은 것은 팔거나 먹고, 남은 농산물로 겨우내 맥주를 만드는 전통이 있었습니다. 계절이 지나 날이 따뜻해지면 겨울에 만들고 저장해 둔 맥주를 마셨습니다. 맥주에 사용하는 보리와 밀은 제대로 관리되지 않았고, 또한 농가 주변에는 각종 박테리아나 천연 효모가 가득했습니다. 이런 환경에서 만들어진 시골 냄새가 가득한 맥주는 따로 팔려고 만든 것은 아니었습니다. 노동이 시작되는 계절에, 우리가 막걸리를 마시듯 농가의 힘든 노동을 덜어내기 위해 마셨습니다. 이런 맥주들이 현대에 와서 관심을 받기 시작했고, 과거의 노동주를 재해석하여 재현한 스타일이 팜하우스 에일로 자리 잡았습니다. 와일드 에일Wild Ale도 비슷한 맥락입니다. 팜하우스 에일보다 좀 더 포괄적인 개념으로, 더 넓은 의미로 쓰이는 와일드 에일은 거칠고 종잡을 수 없는 맥주들을 하나의 맥주 스타일로 분류하고 붙인 이름입니다. 지금은 야생의 효모나 박테리아를 사용하는 대신 그걸 잘 정제하여 배양한 와일드 효모를 사용해서 만듭니다.

반면, 사워 에일은 팜하우스 에일이나 와일드 에일보다 좀 더 신맛에 집중한 스타일입니다. 와일드 효모를 사용하면 큼큼한 냄새나 흙냄새, 오래된 집 냄새 같은 것들이 나곤 하는데, 사워 에일은 아예 이런 향이 나오지 않습니다. 좀 더 상쾌하고 경쾌한 신맛이 납니다. 맥주의 신맛은 발효 시 젖산을 사용하는데 귤이나 레몬 같은 신 과일의 산미를 사용해 신맛을 끌어 올리기도 합니다.

태평양조의 팜하우스 에일은 발효와 숙성 기간이 무려 10개월이나 걸립니다. 이 기간 양조사는 계속 효모의 활동을 예의주시하면서 중간중간 효모를 추가 주입하기도 합니다. 이렇게 신맛과 야생의 성질은 발효와 숙성 과정에서 입혀집니다. 발효가 시작되는 단계에서 pH(수소 이온 농도 지수)를 어느 정도 떨어트려 놓고 야생 효모나 블렌드 효모를 넣습니다. pH를 떨어트려주는 특수한 효모를 사용하는데, 이렇게 해도 양조사의 예상과 다른 결과물이 나오는 경우가 있습니다. 물론 다르다고 해서 무조건 좋지 않은 건 아닙니다. 예측대로 나오지 않았는데 너무 맛있는 경우도 있고 반대 경우도 있습니다. 발효로 볼 수 없을 정도로 산화된 느낌이 나는 맥주가 나온 적도 있어, 이런 맥주는 증류기 테스트 용도로 썼다고 합니다.

태평양조는 '와일드 가든 청수'라는 팜하우스 에일과 '민트사워'라는 사워 에일을 만듭니다. 와일드 가든 청수는 몰트를 구성하는 배합에서 밀을 사용합니다. 보리 맥아와 밀 맥아의 비율이 3:7일 정도로 밀 맥아의 비율이 높습니다. 밀은 안동의 맹개마을 밀과 진주의 앉은뱅이 밀로 모두 국산 토종 밀입니다. 발효는 두 번 진행됩니다. 일반적으로 판매되는 와일드 효모와 야생에서 채집한 효모를 배합하여 1차 발효하고, '264 청포도 와인'을 만드는 청수 농장에서 재배한 유기농 포도와 포도에서 채집한 효모로 2차 발효합니다. 와일드 가든 청수의 맛은 샴페인이나 화이트 와인이 연상됩니다. 약간의 타닌감이 있으면서 상쾌하고 균형감이 있는 내츄럴 와인 같다고 양조사는 말합니다. 팜하우스 에일의 특성상 지금보다는 6개월 뒤가 맛있을 거라고 덧붙입니다.

와일드 가든

민트사워는 사워 에일입니다. 이 또한 두 번 발효합니다. 영주에는 '무량수'라는 브랜드로 된장과 간장을 만드는 만포농산이 있는데, 이 농장에서 뜬

매주에서 채집한 누룩을 사용해 1차 발효하고, 세종 효모를 추가로 사용해 2차 발효합니다. 민트사워의 맛의 비밀은 숙성 과정에 있습니다. 숙성 과정에서 방아잎과 오미자, 간장의 소금 결정체를 사용해 향이 강하고 감칠맛이 감돕니다. 방아잎은 경상도 방언으로 표준어로는 '배초향'이라고 하는 식물입니다. 향이 강해 '향을 밀어낸다'라는 뜻이 있는데, 영어 이름이 '코리안 민트Korean mint'일 정도로 한국적인 재료입니다. 박하 향이 납니다.

태평양조는 2022년에 생겼으니 신생 양조장일까요? 태평양조의 양준석 대표와 김만종 책임 양조사는 '안동맥주'를 설립하고 10년 이상 이름난 맥주를 만들어낸 베테랑 양조사들입니다. 신생 양조장이라기보다는 오히려 다른 양조장을 돕는 역할을 하는 선배 양조장이라고 볼 수 있습니다. 그 대표적인 예가 최근에 생긴 '브루어리 을를'과의 협업입니다. 브루어리 을를은 양조장을 짓는 시기를 이용해 주변의 선배 양조장의 도움을 요청했고 태평양조는 흔쾌히 도움을 주었습니다. 그렇게 만든 협업 맥주가 훈연 사워 에일인 '미지수'와 뉴잉글랜드 IPA인 '문희경서'입니다. 그 밖에 태평양조는 노비어 노라이프의 '죠리죠리 사우어 에일', 호피홀리데이의 '홉희홀리데이 IPA', '성광포터', 타일러 브루어리의 '올드 스쿨 러브 웨스트 코스트 IPA'를 함께 만들어내기도 했습니다.

양조사를 따라 양조장을 둘러봤습니다. 배럴과 쿨쉽이 보입니다. 배럴barrel은 맥주를 저장할 때 사용하는 나무통을 말하고, 쿨쉽coolship은 맥즙을 식힐 때 사용하는 넓고 평평한 용기를 말합니다. 배럴과 쿨쉽은 자연 발효 맥주를 만들 때 신맛과 고약한 맛을 입히는 중요한 장비입니다. 어떤 맥주는 배럴에서 맥주가 익어갈 때 입혀지고, 어떤 맥주는 쿨쉽에서 맥아즙을 식힐 때 입혀집니다. 양조장 구석에서 언제 출정할지 모를 배럴과 쿨쉽이 제 할 일을 기다리고 있습니다. 양조장을 조금 더 둘러봤습니다. 그러다 맥주 양조장과는 어울리지 않는 장비를 발견했습니다. 금관악기를 닮은 위스키 증류기입니다. 태평양조는 위스키에도 도전한다고 합니다. 아직은 양조에 실패한 맥주를 증류기

양조장 한구석에서 와인을 담았던 배럴이 제 할 일을 기다리고 있습니다

를 사용해 시험 양조를 하는 수준이지만 언젠가는 맥주 양조장에서도 수준 높은 위스키를 생산하는 날이 올 것입니다.

- **브랜드명**: 태평양조
- **브루어리명**: 태평양조
- **설립 연도**: 2022년
- **형태**: ■ 브루어리 □ 브루펍 □ 직영펍 □ 계약 양조
- **특징**: 야생 효모와 효모 블렌딩을 통한 발효
- **주요 맥주 및 스타일**: 와일드 가든 청수(팜하우스 에일), 민트사워(사워 에일), 윈터사워(사워 에일)
- **주소**: (브루어리)경상북도 문경시 농암면 지동리5
- **인스타그램**: tp_craftbrewing

의성은 마늘만 유명하다는 착각

- 호피홀리데이 -

경북 의성이라고 하면 무엇이 생각나나요? 백이면 백 마늘이라고 할 테고, 다음으로 컬링 국가대표 '팀킴'을 꼽을지 모릅니다. 그밖에는 잘 떠오르지 않습니다. 의성에는 유명한 관광지도 없습니다. 이런 곳에 '호피홀리데이'라는 맥주 공방이 있다는 사실을 알게 되었을 때, 처음부터 큰 관심을 가진 것은 아니었습니다. 하지만 호피홀리데이가 맥주 공방이면서 계약 양조로 자가 맥주를 생산하고 있다는 사실을 알고 조금씩 흥미가 생기기 시작했습니다. 국내에서 흔하지 않은 국산 홉을 사용해 만든 맥주, 맥주의 재료를 가지고 지역 사회에서 축제를 벌인 일, 지역에서 망해가는 공장을 소재로 맥주를 만들고 그들과 상생한 이야기는 저의 호기심을 끌만 했습니다. 그런데 호피홀리데이는 왜 의성이어야 했을까요? 마늘과 컬링 선수 외에는 그다지 언급되

경상북도 의성에는 맥주 공방 호피홀리데이가 있습니다

지 않는 도시, 맥주와의 연관성을 아무리 찾으려 해도 찾을 수 없는 도시인데 말입니다. 난생처음 의성에 그리고 호피홀리데이에 방문한 이유가 바로 여기에 있습니다.

호피홀리데이와 의성의 이야기는 한 젊은 여성의 청춘에서 시작합니다. 호피홀리데이를 만든 김예지 대표는 회사에 다니면서 창업을 막연하게 꿈꿨다고 합니다. 인터넷 쇼핑몰도, 카페도, 음식점도 생각해 봤는데 선뜻 마음이 가지 않았습니다. 전부 레드오션 같았습니다. 그러다 우연히 친한 교수님을 통해 자가 맥주 제조, 즉 홈브루잉에 대해 알게 되었습니다. 홈브루잉이라는 말을 들었을 때 가슴이 요동쳤습니다. 그토록 찾아 헤맸던 블루오션이 여기 있었으니까요. 그도 그럴 것이 당시에는 맥주 공방이 전국에 몇 개 되지 않던 시절이었습니다. 전국의 축제를 쫓아다닌 것도, 제천의 홉 축제를 알게 된 것도 이즈음입니다. 거기서 한국에서 홉 농사를 막 시작한 '홉이든' 농장의 농부들을 처음 만났는데 이 과정에 재미있는 일화가 있습니다. 어느 날 고향에 가셨던 어머니가 "모임 장소에 흑마늘 맥주가 있어, 신기한데 너도 와서 마셔 봐"라고 하신 겁니다. 외할머니도 뵙고 여행도 할 겸 버스를 타고 내려와 어머니가 말한 맥줏집에 갔는데, 맥줏집에서 내준 흑마늘 맥주는 카스를 꺼내 흑마늘 포를 타서 섞어 만든 것이었습니다. 내가 이러려고 세 시간 넘게 버스를 타고 왔나 하고 자책할 때 홉 축제에서 만난 농부들이 생각났습니다. '아! 맞다. 그 농부들이 여기 어디선가 농사를 짓는다고 하셨지!' 억울해서 안 되겠으니 홉 밭이라도 보고 가야겠다는 생각으로 홉 농장을 찾았습니다. 그렇게 맥주 공방 대표와 홉 농장 농부의 인연이 이어졌고, 훗날 국산 홉을 사용한 맥주 탄생의 계기가 되었습니다.

맥주 공방을 의성에 짓기 위한 조건이 무르익었습니다. 홉 농장이 의성에 있었고, 어머니의 고향이기도 하고, 흑마늘을 찾아간 곳도 의성이었으니까요. 하지만 김예지 대표가 처음부터 의성으로 갈 생각을 굳힌 것은 아니었습니다. 어머니의 고향이다 보니 의성이 어떤 도시인지 누구보다 잘 알고 있었기 때문입니다. 유동 인구가 적고 교통이 좋지 않았기 때문에 사람들이 스스로 찾아와야 하는 맥주 공방의 입지 조건으로는 적합하지 않았습니다. 게다가 맥주 공방 주변에는 이렇다 할만한 숙소가 없어 맥주만을 즐기러 오기에도 좋지 않았습니다. 하지만 이렇게 생각했다고 합니다. '맥주 공방뿐만 아니라 장차 맥주 양조장을 짓기 위한 교두보라면 의성도 나쁘지 않겠다.'라고요. 우선 의성은 지리적으로 서울과 대구, 부산 등 큰 도시의 중간에 자리 잡고 있고, 당연히 도시보다 땅값이 저렴하니 처음 시작하기에 괜찮다는 생각이 든 것입니다. 게다가 주변에는 맥주의 원재료를 공급해 줄 농장이 있습니다. 돌이켜보면 그때의 결정이 적중했습니다. 이제 5주년을 앞둔 호피홀리데이는 맥주팬들이 스스로 찾아오는 의성의 맥주 명소가 되었으니까요.

호피홀리데이의 김예지 대표가 맥주를 따르고 있습니다

'가치를 마시고 경험을 나누다.' 이것이 호피홀리데이의 슬로건입니다. 보통 상업적인 양조는 잘 팔리는 맥주를 만들 수밖에 없습니다. 하지만 호피홀리데이는 상업 양조의 틀을 벗어나 맥주를 만들고 그것을 공유하는 것에서 매력을 찾았습니다. 잘 만들어진 맥주에는 어떤 재료가 사용되었고 어떤 방식으로 만들어졌는지의 이야기가 녹아있습니다. 맥주를 최종 목적이 아니라, 자기 생각을 표현할 수 있는 수단으로 보는 것입니다. 그리고 맥주의 진짜 가치를 알아본 전국의 사람들이 의성으로 오고 있습니다.

호피홀리데이에서 크래프트 맥주의 가치를 나눈 몇 개의 사례를 소개해 보겠습니다. 호피홀리데이의 양조 철학은 국산 재료를 사용해 우리 맥주를 만들겠다는 것입니다. 앞서 인연을 맺은 홉 농장의 국산 홉을 사용해 만든 맥주가 그중 하나입니다. 국산 맥주는 대부분 수입 재료에 의존할 수밖에 없습니다. 하지만 수입 재료에 의존도가 높으면 언젠가는 흔들릴 수 있습니다. 과거 국내에 요소수가 수입되지 않아 큰 혼란을 겪었던 것처럼 말입니다. 맥주의 영역에서도 이러한 혼란은 나타날 수 있기에 무조건 수입 재료에만 의존하는 것은 현명한 대처는 아닙니다. 물론 국산 홉이 수입 홉보다 비싸고 품질도 떨어지는 것은 사실입니다. 하지만 시간이 지날수록 국산 홉은 한국적인 떼루아를 갖게 될 것이고, 안정적인 가격으로 공급될 것입니다. 게다가 국산 재료를 사용함으로써 맥주가 매개체가 되어 사람과 사람, 도시와 시골을 연결해 주고, 우리나라 농산물과 소비자를 연결해 줄 것입니다.

호피홀리데이가 크래프트 맥주의 가치를 나누는 또 하나의 방법은 맥주 문화 축제입니다. 그중 가장 소문난 맥주 축제가 7월에 열립니다. 호피홀리데이는 매년 7월 홉이 가장 무성할 때 홉 농장과 함께 '쇼미더프레시홉'이라는 축제를 엽니다. 쇼미더프레시홉은 호피홀리데이가 2020년 6월에 공방을 오픈하고 처음으로 기획한 행사입니다. 사람들이 의성 같은 한적한 시골에 와야 하는 이유를 찾던 중, 홉 축제가 떠올랐다고 합니다. 1박 2일 행사로 계획하고 주변의 숙소를 통으로 대관한 후, 지인들을 통해 알음알음 사람들을 모아 2~30여 명의 참가자가 금방 채워졌습니다. 낮에는 홉 밭 한가운데에서 '홉 빨리 따기'나 '맥주잔에 홉 던져 넣기' 같은 게임을 하고, 게임의 우승자는 트랙터를 타고 농장 가두 행진을 했습니다. 저녁에는 숙소에서 수영을 하기도 하고 고기를 구우면서 맥주를 마셨습니다. 해를 거듭할수록 축제 규모가 커져 나중에는 재즈 밴드나 무용팀 공연도 했습니다. 의성은 문화적인 갈증이 심한 곳입니다. 축제라고 하면 흑마늘 축제나 산수유 축제가 있긴 하지만 대부분 고연령층을 타깃으로 한 축제이기 때문에 트로트 가수를 초청하거나 전통주를 마시거나 합니다. 그래서 맥주 문화 축제는 젊은이들의 문화적 갈증을 해소할 수 있는 수단이 되었습니다.

호피홀리데이는 맥주 공방이지만, 계약 양조로 맥주를 직접 양조하기도 합니다. 계약 양조contract brewing는 값비싼 양조 시설을 보유하는 대신, 다른 양조장(일명 호스트 양조장)의 시설을 빌려 양조하는 방식입니다. 계약 양조는 계약에 따라 매우 다양합니다. 계약 양조장의 개입 없이 맥주의 양조법부터 맥주의 생산, 유통까지 거의 모든 것을 호스트 양조장이 할 수도 있고, 계약 양조장이 맥주의 정체성과 마케팅, 유통까지 제공하고 호스트 양조장은 그저 맥주의 생산만 담당할 수도 있습니다. 크래프트 맥주 문화가 발전한 미국에서 흔한 맥주 양조 방식입니다. 가령, 미국에서 가장 큰 크래프트 맥주 양조장인 '보스턴 비어 컴퍼니는' 초창기 '사무엘 아담스 보스턴 라거'를 만들 때 계약 양조로 했습니다. 계약 양조로 가장 유명한 곳은 실험적인 맥주를 많이 만들기로 유명한 '미켈러'입니다. 미켈러는 호스트 양조장을 한곳으

호피홀리데이는 맥주 공방이지만 맥주를 직접 양조하기도 합니다

로 정하지 않고 여러 곳을 떠돌면서 양조합니다. 대신 마케팅과 맥주 유통은 직접 합니다. 이렇게 떠돌아다니면서 양조한다고 하여 계약 양조를 '집시 양조'라고도 합니다.

호피홀리데이는 맥주 레시피를 제공하고 호스트 양조장의 시설과 인력을 이용하여 공동으로 맥주를 양조합니다. 유통 면허가 없기 때문에 맥주의 유통은 호스트 양조장이 합니다. 끽비어의 '의성 라거', 제이에이치 브루잉의 '안계평야', 태평양조의 '홉희홀리데이'와 '성광 포터'는 이렇게 만들어졌습니다.

호피홀리데이가 계약 양조를 했던 맥주 중 하나가 '툼브로이'와 함께한 '쇼미더홉' 맥주입니다. 호피홀리데이는 한국에 진정한 생 홉 맥주를 선보이고 싶었습니다. 생 홉 맥주를 만들려면 홉을 수확하자마자 바로 양조를 시작해야 합니다. 생 홉 맥주를 만드는 날은 매우 분주합니다. 농부들은 새벽 다섯 시에 홉을 수확하여 아이싱 처리한 후 양조장으로 보냅니다. 양조장은 아침 아홉 시부터 양조를 하며 홉이 도착하기를 기다리고 있습니다. 맥아를 끓이고 맥아즙을 만들어내면 대략 열한 시가 됩니다. 그리고 생 홉이 도착하면 그대로 맥아즙에 투척합니다. 생 홉 맥주로 유명한 '시에라 네바다 브루잉Sierra Nevada Brewing Company'의 '하베스트 웨트 홉 IPAHarvest Wet Hop IPA'도 야키마 밸리Yakima Valley에서 수확한 홉을 이런 식으로 사용합니다. 이렇게 생 홉을 긴박하게 사용하는 이유는 홉은 조금이라도 방치하면 금방 산화가 일어나기 때문입니다. 산화가 일어난 홉으로 맥주를 만들면 홉 특유의 개성과 떼루

의성의 초록색 여름이 생각나는 의성 라거

아를 기대할 수 없어 양조자가 의도하지 않은 풍미가 날 수 있습니다.

의성에 한 번이라도 와 봤다면 초록빛 풍경과 풀 냄새를 기억할 것입니다. 의성 라거는 녹음이 우거진 그 의성의 풍경을 떠올리며 만든 맥주입니다. 스타일은 이탈리안 필스너Italian pilsner입니다. 열대 과일의 향이 퍼지는 호피 라거hoppy lager와는 달리 풀과 허브 향이 가득합니다.

호피홀리데이가 지역에 자리 잡으면서 일을 마친 농부들이 일복에 흙을 묻힌 채로 찾는 경우도 많았는데, 홉의 풍미가 강조된 맥주를 생소하게 느끼는 분도 있었다고 합니다. 그래서 지역의 농부들이 편하게 마실 수 있도록 설계한 맥주가 안계평야입니다. 안계평야는 안계 지방의 쌀을 20퍼센트 정도 사용한 테이블 맥주입니다.

홉희홀리데이는 어머니에게 헌정하는 맥주로 아메리칸 스타일의 IPA입니다. 초창기부터 딸의 사업을 적극적으로 지원해 주고 투자금을 쏟아부은 어머니, 그런 어머니를 생각하며 만든 맥주는 어쩌면 이 세상 모든 어머니에게 헌정하는 맥주입니다.

성광포터는 이제껏 만든 맥주가 홉을 강조한 맥주였기 때문에 몰트의 풍미를 강조해 만들었습니다. 성광포터의 기획은 한국에서 제일 마지막까지 운영된 성냥공장이 의성에 있었다는 사실에서 시작했습니다. 성광성냥공업사는 2013년 이후 가동을 멈추고 폐업 절차에 들어갔습니다. 2020년 문체부의 문화 재생 사업으로 공장을 보전하기로 결정했지만, 지루하고 긴 시간이 흐르고 있었습니다. 성냥공장 직원들이 끝이 보이지 않는 터널 같다고 생각했을 때 호피홀리데이는 그들을 위로하기 위한 맥주를 만들었습니다.

호피홀리데이는 의성군 안계면에 있습니다. 의성은 삼국사기에 '조문국'이라는 이름으로 기록되었을 만큼 유서가 깊은 지역입니다. 의성군은 한때 20만 명이 넘게 살던 도시였지만, 1960년대 정점을 찍은 후 인구가 점점 감소하고 있습니다. 전형적인 인구 유출 농촌으로 현재는 인구가 겨우 5만 명밖에 되지 않습니다. 동서로 넓게 펴져있는 의성군의 서쪽에 안계면이 있습니다. 인구는 4천 명 정도입니다. 관광지를 기대하고 이곳에 온다면 크게 실망할지 모릅니다. 하지만 한적한 시골에서의 소박한 삶을 경험하고 싶다면 이곳에 와도 좋습니다.

여름 해가 산머리에 뉘엿거리기 시작할 저녁 무렵, 마실 나가듯 초록이 우거진 동네 한 바퀴를 산책한 후 맥주 한 잔을 마시고 들어오는 일상을 그려볼 수 있습니다.

- **브랜드명**: 호피홀리데이
- **브루어리명**: 호피홀리데이
- **설립 연도**: 2020년
- **형태**: □ 브루어리 □ 브루펍 ■ 직영펍 ■ 계약 양조
- **특징**: 국산 홉과 로컬의 가치를 담은 맥주
- **주요 맥주 및 스타일**: 의성 라거, 안계평야(에일), 성광포터, 홉희홀리데이(IPA)
- **주소**: (직영펍)의성군 안계면 소보안계로 2068
- **홈페이지**: hoppyholiday.us
- **인스타그램**: hoppy_holidays

우리 보리, 우리 맥아, 우리 맥주

- UF 비어 -

한국의 전통주는 우리 땅에서 나온 재료를 사용해 전통적인 양조 방식으로 만들어 우리 술이라고 부릅니다. 하지만 맥주를 '우리 맥주'로 부를 수 있을까요? 맥주 양조 방식은 서양의 전통적인 발효주 제조 방식이므로 우리의 것이라 할 수 없겠지만, 재료만이라도 우리의 것을 사용한다면 어떨까요? 물론, 맥주의 모든 재료를 우리의 것으로 사용하는 것은 쉬운 일이 아닙니다. 하지만 일부 재료를 우리 것으로 사용하려는 시도는 있습니다. 호피홀리데이 편에서 우리 홉으로 만든 맥주를 소개했다면, 이번 편에서는 우리 보리를 사용한 맥주를 소개해 볼까 합니다.

충북 음성에는 직접 재배하여 수확한 보리로 맥아를 생산하고, 그 맥아로 맥주까지 만드는 맥주 양조장이 있습니다. 음성의 생극면에 위치한 'UF 비어'입니다. 2024년 3월경 취재 요청을 했을 때 허성준 대표는 이왕이면 5월에 와달라고, 그러면 보리밭의 풍경을 보여줄 수 있다고 했습니다. 그렇게 2개월을 더 기다려 5월 중순쯤에 양조장을 찾았습니다. 충북혁신도시 터미널에 도착했을 때 허성준 대표가 직접 마중 나와 있었고, 같이 양조장까지 이동하면서 양조장이 있는 도시의 면면을 볼 수 있었습니다. 생극은 아주 작은 지역입니다. 군데군데 초록의 보리밭과 모내기를 앞둔 논이 보이고, 아주 작은 초등학교와 중학교가 있습니다.(이 중학교는 허성준 대표의 할아버지가 설립했다고 합니다) 건물과 정원이 아름다운 생극 가톨릭 성당을 지나면 바로 보리밭이 펼쳐집니다. 그리고 보리밭 사이를 가로지르는 작은 길 끝에 맥주 양조장이 우뚝 서 있습니다.

UF 비어의 또 다른 이름은 '생극양조'입니다. 허성준 대표는 과거 이 지역에서 할아버지가 손수 만들고 수십 년간 운영했던 막걸리 양조장의 추억을 되살려 그 이름을 그대로 사용했습니다. 현재 막걸리 양조장은 없어졌지만, 이름을 보존함으로써 언젠가는 막걸리 양조장도 다시 열겠다는 포부를 새긴 것입니다. 허성준 대표가 한국의 보리가 맥주 양조에 적합하지 않다는 편견을 부수고, 우리 농산물을 재배하여 질 좋은 맥주를 만들겠다고 마음먹은 것에는 이러한 지역적 배경이 깔려있습니다.

앞에서도 슬쩍 언급했지만 한국의 보리는 맥주 양조에 적합하지 않

5월이 되면 UF 비어의 앞마당에 청록색 보리밭이 펼쳐집니다

다고 합니다. 왜 그럴까요? 잠시 보리에 관한 이야기를 해보겠습니다. 보리는 크게 두줄보리와 여섯줄보리, 겉보리와 쌀보리로 구분합니다. 이중 맥주에 사용하는 보리는 주로 두줄 겉보리입니다. 우리나라에서는 보리를 식용으로 사용하거나 엿기름이나 보리차에 사용했기 때문에 대부분 여섯줄보리를 재배해 왔습니다. 오로지 맥주만을 위해 보리를 재배한 것은 최근의 일로, 전북 군산과 충북 음성밖에 없습니다. 우리나라 보리는 보통 남해안과 제주도 등 따뜻한 지역에서 잘 자라는데 음성은 그리 따뜻한 곳이 아닙니다. 그래서 허성준 대표는 3월

봄에 파종하고 6월 여름에 수확하는 보리 품종을 선택하여 음성에 20만 평의 농지 중 3만 평을 맥주보리밭으로 만들었습니다. 그 품종은 바로 검은 수염이라는 별명을 가진 흑호와 추위와 병충해에 강해 농부들이 키우기 편한 강맥입니다.

흑호의 발아된 싹이 마치 검은 수염 같습니다

UF 비어는 제맥 설비를 갖추고 있습니다. 국내에서 제맥 설비를 갖춘 곳은 군산의 '군산맥아'와 UF 비어 둘뿐입니다. 제맥이란 수확한 보리에 싹을 틔워 맥주 양조에 적합한 맥아로 가공하는 과정을 말합니다. 제맥 과정은 보통 보리에 수분을 충분히 공급하여, 보리를 발아할 수 있는 상태로 만드는 침맥 과정과 수분, 습도, 산소 등의 조건을 맞추어 보리가 싹을 틔우게 하는 발아 과정, 그리고 발아가 되면 보리의 성장을 멈추게 하는 건조 과정 등으로 나뉩니다.

UF 비어는 설비도 국산화가 필요하다고 생각해 제맥 장비를 직접 제작해 사용하고 있습니다. 이렇게 만든 장비에 직접 재배한 보리를 기계의 한계까지 투입하여 여러 번 시험해 봤다고 합니다. 이 과정을 여러 번 반복하여 경험을 쌓았고, 이를 모두 수치화하여 데이터로 만들었습니다. 이렇게 한 이유는 한국의 보리가 가진 본연의 맛이 무엇인지 알아보고 그 맛을 살려 우리 맥주를 만들고 싶었기 때문입니다.

그런데, 맥아를 직접 생산할 때의 이점은 무엇일까요? 허성준 대표는 '원하는 스타일의 맥주 레시피를 만들 수 있다'는 점을 들었습니다. 맥아는 건조 온도에 따라 효소의 양이 결정되고 색도 달라집니다. 물론 원하는 스타일의 맥아를 해외에서 구입하여 사용할 수 있지만, 더 미세하게 자신이 원하는 스타일의 맥주를 내기 위해서는 직접 만든 맥아가 도움이 됩니다. 특히 하나의 단일 맥아만으로 양조할 때보다 부재료를 사용했을 때 효소의 양은 더욱 중요해집니다. 효소는 전분을 당분으로 변화시키는 역할을 합니다. 쌀이나 옥수수 등의 부재료는 자체적인 효소가 부족하기 때문에, 효소가 많은 보리 맥아를 사용하면 부재료의 부족한 효소를 대신할 수 있습니다. 제맥의 또 다른 이

맨 앞에 제맥 시설이, 맨 뒤에 발효 탱크가 보입니다

점은 보리 맥아뿐만 아니라 밀과 같은 곡물도 맥아로 만들 수 있다는 것입니다. 허성준 대표는 최근 라이밀triticale이라는 호밀과 밀을 교잡해 만든 작물을 맥아로 사용한 맥주를 만들어보려고 연구하고 있습니다. 직접 맥아를 생산하지 않으면 할 수 없는 일입니다.

그럼 이제 UF 비어에서 직접 재배한 보리를 맥아로 만든 맥주를 소개해 보겠습니다. 첫 번째는 '유기농 싱글 몰트 라거'로 100퍼센트 단일 맥아를 사용한 라거입니다. 여기서 싱글 몰트single malt란 하나의 지역에서 생산한 동일한 품종의 맥아라는 뜻입니다. 위스키에는 단일 증류소에서 만드는 싱글 몰트 위스키가 있고, 커피에는 단일 원두로 만드는 싱글 오리진이 있습니다. 하지만 단일 맥아로 만드는 싱글 몰트 맥주는 흔하지 않습니다. 이것도 맥아를 수입에 의존했다면 시도할 수 없는 일입니다. 허성준 대표는 이 맥주를 만들기 위해 최고의 보리를 선별해서 사용했습니다. 보리는 직접 재배한 국산 육종 맥주 보리인 흑호를 사용했습니다. 그중에서도 3.3밀리미터 이상의 초우량 흑호만을 사용했습니다.(참고로 국제 기준으로 A급이 2.6밀리미터입니다) 가장 부드러운 맛을 내기 위해서 맥아를 13도의 초저온에서 발아했습니다. 저온에서 천천히 발아를 하면 전분 분해 효소, 단백질 분해 효소 등의 효소가 충분히 생성됩니다. 다양한 종류의 효소가 전분과 단백질 등을 당화하여 부드러운 질감의 맥주가 나옵니다. 보리의 재배에서 선별, 가공까지 하나의 맥주를 만들기 위해서 대한민국에서 가장 비싼 설계를 했다고 볼 수 있습니다. 이렇게 만들어진 맥주는 밝은 황색으로, 부드럽고 신선한 맥아의 맛을 냅니다. 우리의 음식과 함께 하면 그 자체가 근사한 푸드 페어링이고, 우리 농산물이라는 지역성과 페어링한다는 의미도 있습니다. 맥주병에는 농부를 표현한 캘리그래피에 유기농 인증 마크가 걸려있으니 한번 찾아보기 바랍니다.

'미드나잇 앰버 인텐소Midnight Amber Intenso'는 강한 질감을 가진 알코올 도수 6.8%의 앰버 에일입니다. 스페인어로 Intenso는 '강렬함'을 뜻합니다. 재료는 직접 재배하여 생산한 보리 맥아와 쌀 그리고 스페셜 맥아를 섞었습니다. 만약 이 맥주를 마시고 딸기잼과 비슷한 향을 느꼈다면 제대로 음미한 것입니다. 이 맥주를 만들 때 맥아로 딸기잼 향을 추출할 수 있다는 점을 잡아냈고, 곡물만 가지고 이 향을 내기 위해 수백 번 연습했다고 합니다. 열 개의 발효 탱크 중에서 두 개는 항상 이 맥주를 만드는 데 사용할 만큼 애정이 깊은 맥주입니다. 묵직하면서 달콤하고 끝은 깔끔하기 때문에 딸기 케이크나 딸기 타르트와 함께 마셔볼 만합니다. 맥주병에서 트럼펫을 부는 중년의 남자를 볼 수 있는데, 재즈를 좋아하는 허성준 대표의 취향이 엿보입니다.

'돈 슈퍼 세종Don Super saison'은 오래전 벨기에 농부들의 세종을 한국의 농부들이 제대로 만들어보겠다는 포부로 만들었습니다. Don은 돈키호테처럼 스페인에서 남자 이름에 붙이는 말입니다. 허성준 대표의 아내는 스페인 사람인데, 강인한 장인어른을 떠올리면 강인한 농부가 생각나 지었다고 합니다. 알코올 도수가 무려 7.4%입니다. 허성준 대표는 강한 노동 뒤에는 이 정도로 독한 맥주를 마셔야 노동의 고됨이 잊힐 것이라며 껄껄껄 웃습니다. 돈 슈퍼 세종은 홉을 거의 드러내지 않고 맥아와 효모를 강조한 맥주입니다. 맥아는 직접 재배한 맥아 70 퍼센트, 전남 강진의 귀리 30퍼센트가 들어갔습니다. 효모의 강렬한 정향과 향긋함이 묵직한 곡물과 함께 어우러져 복합적인 향과 맛을 냅니다. 맥주병의 그림은 자전거 페달을 밟고 있는 황소입니다. 끊임없이 발을 움직여야 자전거가 움직이듯 끊임없이 노력하는 소처럼 우직한 우리 농부를 표현한 것이라고 합니다.

UF 비어의 대표 맥주

UF 비어는 앞으로 음성의 복숭아 등 우리 농산물을 사용한 과일맥주에 도전하고, 직접 재배한 보리와 국내에서 생산된 홉을 함께 사용하여 맥주를 만들겠다고 합니다. 그렇게 우리 보리, 우리 맥아, 우리 맥주는 우리의 땅에 넓게 퍼져 나갈 것입니다.

- **브랜드명**: UF Beer
- **브루어리명**: 농업회사법인 주식회사 생극양조
- **설립 연도**: 2022년
- **형태**: ■ 브루어리 □ 브루펍 □ 직영펍 □ 계약 양조
- **특징**: 직접 재료 재배, 직접 맥아 생산. 세상에서 가장 신선한 맥주 양조
- **주요 맥주 및 스타일**: 유기농 싱글 몰트 라거, 미드 나이트 앰버 인테소(앰버 에일), 돈 슈퍼 세종
- **주소**: (브루어리)충청북도 음성군 생극면 능안로 13-16
- **홈페이지**: www.ultra-f.com
- **인스타그램**: uf_beer

맥주로 성을 쌓고 비어테인먼트를 꿈꾼다

- 고부루 -

제주에는 맥주 양조장이 몇 개나 있을까요? 참고로 제주와 비슷한 크기의 일본 오키나와에는 열다섯 개의 양조장이 있습니다. 반면 제주에는 네 개의 맥주 양조장이 소중히 자리 잡고 있습니다. 그중 코스닥 상장 기업이기도 한 '제주맥주'가 가장 큰 규모를 자랑합니다. 2016년부터 제주에 자리 잡은 '맥파이 브루잉'(2012년도 설립) 또한 제주 맥주의 터줏대감입니다. 중산간 지역으로 내려오면 금오름 근처에 '탐라에일'이라는 마이크로 브루어리가 있습니다. 그리고 서귀포에는 대한민국 최남단의 맥주 양조장 '고부루GoBrew'가 있습니다.

제주에서 양조장을 찾아가는 건 쉬운 일은 아닙니다. 제주맥주와 맥파이는 공식적으로 양조장 투어를 제공합니다. 두 곳 모두 사전 예약을 하고 양조장 탐방을 할 수 있지만, 공통적으로 도심지에서 한참 벗어난 곳에 있다는 점이 애로 사항입니다. 양조장 투어라는 것이 시음을 동반하기 때문에 대중교통을 이용할 수밖에 없는데, 택시를 잡기도 어렵고 버스도 드문드문 다니기 때문입니다. 탐라에일은 도심지에서 떨어져 있고, 규모도 작은 편이라 양조장 투어를 제공하지 않습니다. 양조장에 찾아가려면 사전에 양조장 직원과 약속하고 찾아가 볼 수는 있습니다. 이런 점에서 제주에서 가장 접근성이 좋은 양조장이 고부루입니다. 고부루는 서귀포 시내에 위치해 있습니다. 주변에 천지연 폭포나 칠십리시공원, 서귀포 예술의 전당 등이 있기 때문에 대중교통도 잘 갖추어져 있습니다. 게다가 고부루는 맥주 양조장에서 생산한 신선한 맥주를 바로 마실 수 있는 브루펍이 한 공간에 있습니다.

고부루는 맥주로 쌓은 작은 성을 보는 느낌입니다

고부루에 들어서면 맥주로 쌓은 작은 성을 보는 느낌이 듭니다. 고부루는 총 네 개 층과 루프탑으로 이루어진 맥주 성입니다. 이 성은 맥주라는 펜스 안에서 맥주가 주는 모든 즐거움을 선사합니다. 1층은 사시사철 맥주가 익어가는 맥주 공장입니다. 양조 시설을 바로 바라보며 맥주를 마실 수 있는 탭룸까지 갖추어져 있습니다. 2층은 브루펍입니다. 여느 펍처럼 맥주바와 테이블이 있지만, 날씨가 좋으면 모든 창문을 열 수도 있고, 맥주 테라스까지 있어 한층 개방감이 있습니다. 3층과 4층은 맥주 펜션입니다. 펜션이면 펜션이지, 맥주 펜션이라고요? 그럴만한 이유가 있습니다. 그 이유는 잠시 후에 설명하겠습니다. 루프탑에서는 야자나무가 보이는 다소 이국적인 서귀포를 조망할 수 있습니다. 날씨가 좋으면 멀리 한라산까지 보이기도 합니다.

그런데, 고부루는 왜 이렇게 맥주로 성을 쌓게 된 것일까요? 고부루의 고선욱 대표는 맥주의 세계에 발을 들여놓았을 때부터 맥주로 성을 쌓을 생각을 하고 있었습니다. 그가 맥주로 성을 쌓기까지는 지난한 과정이 있었고, 그의 경험이 하나하나 축적된 결과가 바로 이 성입니다.

고선욱 대표는 1997년 서울 대학로에서 '펑키블루'라는 펍을 시작하면서 맥주와 인연을 맺습니다. 그 후 처가가 있는 제주로 이사하여 제주시청 근처에 '캔사스'라는 펍을 열어 24년째 운영하고 있습니다. 매일 맥주를 취급하다 보니 맥주에 더욱 관심이 생겼고, 그러던 차에 2002년도에 우리나라에도 소규모 맥주 면허가 생겼습니다. 그러면서 고선욱 대표는 당시에 하우스 맥주라고 불렸던 수제 맥주의 세계에 눈을 떴습니다. 상업 맥주가 아닌 맥주 애호가들이 만드는 맥주가 새로웠던 것입니다. 그때부터였습니다. 맥주 책을 찾아 공부하고, 맥주 공방을 찾아다니며 수제 맥주 여행을 시작하게 된 것이. 2014년도에 수제 맥주 법안이 바뀐다는 소식을 듣고 본격적으로 양조장을 만들어야겠다는 계획을 세웁니다. 양조장 부지를 알아보고, 자가 맥주 제조용 레시피를 상업 양조 레시피로 바꿨습니다. 2015년도부터 양조장 건설에 착수해서 시험 양도 허가를 받고 2018년 '고부루비어컴퍼니'를 서귀포 서흥동에 열었습니다.

양조장 이름을 고부루비어가 아닌 고부루비어컴퍼니로 정한 것은 단순히 맥주만을 양조하는 양조장이 아닌 맥주와 관련된 여러 가지 상품을 개발하고 맥주 사업을 넓혀 가기 위한 포석이었습니다. 가령, 맥주 효모와 홉을 이용한 맥주 스파를 만들 수도 있고, 효모를 이용한 화장품을 만들 수도 있으며, 맥주로 고기를 재워서 여러 가지 요리를 만들 수도 있습니다. 그렇게 맥주를 활용한 전반적인 제품을 생산하고 싶었고, 그 포부를 양조장 이름에 담은 것입니다. 고부루GoBrew라는 뜻은 말 그대로 '맥주의 길을 간다'라는 뜻입니다. 게다가 제주에는 고 씨가 많은데, 제주를 대표하는 성씨처럼 제주를 대표하는 맥주가 되겠다는 의미도 담았습니다. 한마디로 사람들이 쉽게 부를 수 있도록 양조장에 사람 이름을 부여하여 하나의 생명을 만들어낸 것입니다. 그래서 '고브루'라고 부르면 왠지 외국어처럼 느껴지지만, '고부루'라고 부르면 제주도 사람을 부르는 것처럼 친근하게 느껴집니다.

맥주도 놀이가 될 수 있을까요? 맥주는 마시는 즐거움도 주지만, 놀이로서의 즐거움도 줄 수 있습니다. 고부루에 맥주로 즐거움을 주는 많은 사례가 있습니다. 고부루에는 맥주 양조 시설을 바라보며 효모가 부리는 마법을 느껴보는 즐거움이 있습니다. 고부루에서 맥주를 마시다 취기가 오르면 잠시 펍을 벗어나 산책하는 즐거움이 있습니다. 알코올이 한계에 다다르면 그대로 펜션으로 올라가 쓰러져 잘 수 있는 즐거움이 있습니다. 고부루에서는 음식으로 세계 여행을 떠나는 즐거움도 있습니다. 그리고 이 모든 것의 중심에 맥주가 있다는 것이 가장 큰 즐거움입니다. 고부루에서 맥주가 주는 즐거움을 하나하나 소개해 보겠습니다.

고부루비어컴퍼니는 2018년 서귀포 서흥동에 설립되었습니다

[맥주 펜션]

처음 고부루를 알았을 때 가장 흥미로웠던 것이 맥주 스파가 있는 맥주 펜션이었습니다. 이번 제주도 맥주 양조장 취재 여행에서 고부루 펜션에 머물면서 펜션도 샅샅이 살펴봤습니다. 객실에 들어서면 우선 미국식 인테리어에 눈이 즐겁습니다. 마치 전 세계를 여행하는 듯합니다. 수많은 그림 액자와 패치, 그리고 특이하게도 의자가 매우 많습니다. 이러한 인테리어 컨셉은 고 대표가 다녀온 미국 양조 여행의 영향이라고 합니다. 고 대표는 앞으로 만들 맥주의 방향성을 잡기 위해 샌디에이고, 라스베이거스, LA, 애틀랜타, 뉴올리언스 등의 크고 작은 맥주 양조장을 방문했는데, 여러 숙박업소를 이용하며 자연스럽게 펜션 사업의 방향도 잡을 수 있었습니다. 객실은 뉴올리언스의 미국 남부와 샌디에이고의 미국 서부 스타일을 기본으로, 레트로하면서도 도시적인 감성을 적절히 섞어 완성했습니다. 여행 중 구매한 소품과 액자, 그림을 인테리어에 활용하였습니다. 그리고 기대하던 맥주 스파는 침대 건너편 창가에 덩그러니 놓여있습니다.

[맥주 스파]

간혹 TV에서 독일의 맥주 스파를 부러워하며 본 적은 있지만, 한국에도 맥주 스파가 있는 줄은 몰랐습니다. 고부루의 맥주 스파는 고대표가 양조장 건물을 지을 당시부터 계획했던 것입니다. 고대표는 맥주를 양조의 영역을 넘어 산업의 영역으로 깊이 생각했고, 맥주 양조

고부루에는 국내 최초 국내 유일의 맥주 스파가 있습니다

과정에서 나오는 부산물을 활용해 상품을 만들 수도 있겠다고 생각했습니다. 가령 맥주 효모를 이용하여 화장품을 만들 수도 있고, 각종 음식 재료를 숙성하거나 발효하는 데 활용할 수도 있습니다. 이런 생각이 맥주 스파로까지 이어진 것입니다. 맥주 스파는 맥주 양조의 부산물인 맥주 효모와 홉을 입욕제로 이용합니다. 맥주 스파는 객실마다 설치되어 있습니다. 2층 레스토랑에서 만든 음식과 맥주를 룸서비스로 주문할 수 있으니, 스파에 몸을 담그고 맥주가 주는 즐거움을 즐겨보길 바랍니다.

[맥주 음식]

고부루의 귤라임은 파히타와 잘 어울립니다

고부루는 펍을 넘어 그 자체가 훌륭한 레스토랑입니다. 그중에서도 멕시코 음식이 단연 돋보이고 맥주와 잘 어울립니다. 가벼운 길거리 음식부터 중후한 레스토랑 음식까지 있어, 가벼운 스타일의 맥주부터 도수가 높고 풍미가 깊은 맥주까지 잘 어울립니다. 저는 여러 멕시코 음식 중에서 텍스멕스 스타일의 트리플 파히타를 '귤라임 라거'와 함께 마신 것이 가장 인상적이었습니다. 텍스멕스Tex-Mex란 멕시코의 영향을 받아 미국 남부 지방에서 유행한 요리를 말합니다. 파히타 또한 텍스멕스 스타일 요리 중 하나로 토르티야에 여러 가지 야채와 고기를 싸서 먹습니다. 고부루의 파히타는 풀드비프Pulled Beef, 닭가슴살, 슈림

프 이 세 가지를 직접 만든 수제 사워 크림이나 살사소스에 살짝 찍어, 구운 토르티야에 야채와 함께 싸서 먹습니다. 최근에 에일 스타일에서 라거 스타일로 양조법을 변경한 귤라임 라거는 코로나가 연상되는 멕시코 라거 스타일로 텍스멕스 스타일의 요리와 잘 어울립니다.

[맥주 산책]

시음과 함께하는 인터뷰 도중 취기가 올라 잠시 산책하러 나갔습니다. 양조장 건물에서 길 하나 건너면 관리가 잘된 공원이 있습니다. 칠십리시공원은 이름에서 알 수 있듯이 서귀포시에서 관리하는 공원입니다. 제주의 많은 공원이 외부에서 온 관광객을 대상으로 꾸며졌지

고부루의 건너편에 있는 칠십리시공원에서는 멀리 천지연 폭포를 조망할 수 있습니다

만, 이 공원만큼은 서귀포 시민을 위한 휴식 공간입니다. 하지만 관광객이 일부러 찾아와도 좋을 만큼 훌륭한 관광지입니다. 멀리서 천지연 폭포를 한눈에 감상할 수 있고, 전망대에 올라 해가 질 무렵 노을 지는 서귀포항을 바라볼 수도 있습니다. 저는 한 시간 정도 알 수 없는 새소리와 처음 보는 식물의 이름을 새기며 공원 산책을 한 후 다시금 맨정신으로 돌아와 맥주를 마셨습니다.

[맥주]

맥주와 관련된 많은 즐거움이 있지만, 그래도 가장 큰 즐거움은 맥주 그 자체입니다. 고부루의 대표 맥주로 '귤라임 라거', '월정리 IPA', '메모리즈 스타우트'를 들 수 있습니다. 귤라임은 원래 제주의 감귤을 주제로 만든 에일이었지만, 상큼함을 강조하기 위해 라임을 추가하여 라거로 레시피를 변경하였습니다. 매일 마실 수 있는 테이블 맥주로, 청량하면서도 쌉쌀한 맛이 멕시코 음식과 잘 어울립니다. 양조법을 바꾼 것인 신의 한 수였다고 말할 정도로 고부루에서 가장 인기 있는 맥주가 되었습니다. 월정리 IPA는 여섯 가지 홉과 캐러멜 몰트를 사용한 웨스트 코스트 IPA입니다. 제주도 월정리 해변의 석양을 연상하며 만들었고 풍성한 열대과일 향과 강한 쓴맛이 조화로운 IPA입니다. 고부루의 시그니처 맥주는 메모리즈 스타우트입니다. 대부분의 스타우트는 바닐라 빈이나 유당을 넣어 맛의 변화를 주지만, 메모리즈는 홉과 스페셜 몰트를 조화롭게 사용하여 너무 무겁지도, 너무 화려하

고부루에는 맥주와 관련된 많은 즐거움이 있지만, 그래도 가장 큰 즐거움은 맥주 그 자체입니다

지 않게 변화를 주었습니다. 절제된 풍미를 내는 메모리즈는 달콤하고 새콤한 제주 감귤초콜릿과 잘 어울립니다. 메모리즈의 특유한 맛이 마신 후에도 계속 기억에 남아 맥주 이름을 메모리즈라고 지었다고 합니다.

서두에 오키나와와 비교하여 제주에 있는 맥주 양조장을 언급했습니다. 그중 일부는 알려졌지만, 고부루와 같은 작은 양조장은 잘 알려지지 않은 것이 사실입니다. 고부루는 그동안 맥주를 양조하고 상품화하는 데에만 주력했을 뿐 그것을 알리는 데 소홀했다고 합니다. 이제 고부루는 세상에 이름을 알리는 데 주력하고 있습니다. 최근에는 서울과 대구 등에서 열리는 맥주 축제에도 적극 참여하며 대중을 만나고 있습니다. 대중은 제주로 향하고, 고부루는 대중을 향합니다. 고부루 같은 작은 양조장이 널리 알려져, 오키나와 부럽지 않은 제주만의 수제 맥주 문화가 생기기를 바라봅니다.

- **브랜드명**: 고부루비어
- **브루어리명**: 고부루비어컴퍼니
- **설립 연도**: 2018년
- **형태**: □ 브루어리 ■ 브루펍 □ 직영펍 □ 계약 양조
- **특징**: 언필터링(unfiltering), 독일 스파이델사 양조 장비를 사용해서 만드는 크래프트 맥주
- **주요 맥주 및 스타일**: 귤라임(에일), 월정리(IPA), 메모리즈(스타우트), 대학로(페일 에일)
- **주소**: (브루펍)제주도 서귀포시 남성중로171
- **인스타그램**: gobrew_jeju

BRIDGE _ 1

향수가 아무리 향기로워도

UF 비어(UF Beer) - 미드나잇 앰버 인텐소(Midnight Amber Intenso) / 딸기 카나페

사용하던 메이크업 제품이 바닥을 드러낸 날이었습니다. 퇴근하고 달려간 매장에서 담당 직원이 종이 하나를 건넵니다. "신제품입니다. 시향해 보세요." 시향지의 달콤한 딸기 향에서 베이스인 장미 향이 미처 흘러나오기도 전에 미소가 떠오릅니다.

'오늘 저녁엔 그 친구를 만나야겠다.'

신상 향수의 딸기 향을 맡고서 향수 구매가 아닌, 저녁에 마실 맥주를 결정해 버리고 말았습니다. 사람 만나는 일보다 맥주 만나는 일에 힘을 더 쏟는 저 같은 이에겐 보리, 홉, 효모 그리고 물이 만들어내는 향기만큼 황홀한 건 없을 테니까요. 그리고 그를 증명하는 대표 맥주를 뽑는다면 바로 이 미드나잇 앰버 인텐소가 유력한 후보군이 되지 않을까 싶습니다.

처음 미드나잇 앰버 인텐소(이하 미드나잇)를 땄던 날이 생각납니다. 병을 오픈하고 습관처럼 뚜껑과 병 입구의 향을 맡았더랬죠. 진득한 딸기잼을 입구에다 콕 찍어 발라둔 듯한 농익은 향에 연신 감탄해대며, 목구멍에 달콤한 향이 가득 차도록 병을 부여잡고 킁킁댔더랍니다.

이제 미드나잇을 딸 때면 자연스레 병의 주둥이에 코부터 들이밀게 됩니다. 지난 몇 년, 코로나로 세상이 멈춰 있는 동안 연구에 연구를 거듭한 끝에 탄생한 UF 비어의 쾌거를 무의미하게 공기 중에 흩뿌리고 싶진 않거든요. 갇혀있던 맥주는, 뚜껑을 뽕하고 따는 순간 해방된 램프의 지니처럼 달콤한 내음을 휘리릭 내뿜습니다. 생딸기만으로는 성에 차지 않는다는 듯 달콤함이 진하게 응축되어 꼭 딸기잼처럼 느껴지는 향입니다. 레시피에 딸기 퓌레라도 한 바가지 들어갔다면 이렇게까지 집착하며 후각을 소모하지는 않았을 텐데, 오로지 맥아와 쌀, 효모만으로 열려버린 새로운 향과 맛의 세계를 어떻게 놓칠 수 있겠습니까. 심지어 이 맥아와 쌀들은 우리 땅에서 난 우리 농산물이니까요. 맥주 탄생에 기여한 바 하나 없으면서, 그저 마시고 취할 줄이나 아는 꾼 주제에 괜한 자부심과 뿌듯함을 내비쳐 봅니다.

잘 닦아둔 스니프터 잔에 함께할 안주, 분위기를 잡아줄 촛불 하나, 불빛이 미처 채우지 못한 공간까지도 꽉 채워줄 재즈 리스트. 이 강렬한 앰버 에일amber ale의 임팩트를 그저 흘려보내고 싶지 않아, 준비해둔 것들을 하나씩 테이블에 올려 봅니다. UF 비어의 허성준 대표는 미드나잇의 잔으로 두께가 좀 있는 코냑 잔을 추천했는데요. 유리잔의 두꺼운 벽과 둥근 형태가 맥주의 붉은 컬러에 깊이감을 더해, 보다 더 아름다운 감상으로 만남을 시작할 수 있기 때문입니다. 스니프터(코냑 잔)에 채워져 꼭 수정 구슬을 보는 듯한 미드나잇이, 단조로운 파인트 잔보다는 확실히 시각적인 면에서 만족감을 배가시켜 주네요. 어두운 공간에서 홀로 빛나는 오브제처럼 그윽해 보이기도 합니다. 일렁이는 촛불 옆에서 슬쩍슬쩍 던지는 미드나잇의 시선이 손짓이 되어 다가오

새빨간 맥주의 로고와 발갛게 빛나는 촛불, 그리고 그 둘을 뒤섞어 둔 듯한 미드나잇

는 것을 느낍니다. 어느새 잔은 입술 앞까지 다가와 있습니다.

맥주에서 달큰한 맥아가 가득 흘러나오면서 곡물의 구수함도 새어 나옵니다. 쌉싸래하고 진한 홉도 질세라 입안을 훑어대고요. 마냥 가볍게 다가갈 수만은 없는 힘 좋은 앰버라는 걸 단박에 느낄 수 있습니다. 더블이나 임페리얼이 이름에 들어간 힘깨나 쓰는 대단한 체급의 맥주들과 비교하긴 어렵겠지만, 슬림한 수트 아래로 느껴지는 근육들이 시선을 이끌 정도로 단단하게 자리 잡았습니다. 자꾸만 눈길이 가는 근육에 살짝 새침하게 다가갈까 싶다가도, 첫 만남부터 은은하게 미소 짓는 말린 과실에서나 볼 법한 달콤한 녹진함에 그만 경계심이 무너져 버리고 맙니다. 은근한 눈빛과 다정한 미소로 시작해서 질척이지 않는 깔끔한 매너와 확실한 의사 표현으로 끝나는 맥주입니다. 군더더기 없이 드라이하게 떨어지는 홉은 시간이 지나도 혀에 남아 쓴 여운을 남기고요. 뒤돌아서서도 잊히지 않는 맥주의 잔상 덕에 되돌아 한 번 더 보고 싶고, 한 번 더 말을 걸고 싶은 그런 맥주입니다.

재즈 보컬의 소울 짙은 목소리가 맥주잔을 감싸고, 발갛게 흩날린 초의 불빛은 맥주 속으로 스며듭니다. 위스키 바에서 이 맥주의 판매율이 높은 이유를 너무나 잘 알 것 같습니다. 피트향을 진하게 내뿜는 값비싼 독주는 아니지만, 코끝을 스치는 달콤함에다가, 강하게 들이치는 바디감과 깔끔하고 건조한 피니시. 붉게 상기된 이가 비로소 나인지 미드나잇인지 헷갈릴 즈음이 되면, 어느새 한껏 나른해진 이 자리의 공기가 온통 내 숨결로 채워지는 느낌이 들게 하거든요. 모두가 잠든 밤, 홀로 미드나잇 마시는 걸 즐긴다는 허 대표의 마음은 아마도 이런 것 아닐까요. 이 맥주가 풍겨 내오는 한 테이블의 시간을 오롯이 혼자 차지하고픈 작은 욕심, 바쁘게 보내버린 하루의 끝자락에 미드나잇 한 병으로 부려보는 공간의 사치 같은 거요.

[허성준 대표가 추천하는 미드나잇을 위한 재즈 플레이 리스트]

1. I just want to make love to you - Muddy Waters
2. Picnickin' - Jimmy Smith
3. The gentle rain - George Benson
4. El Ciego - Charlie Haden
5. Summer madness - Kool&The Gang (개인적으로 4, 5번이 좋았습니다.)

맥주가 냉장고에 들어가는 순간 푸드 페어링food pairing에 고심하며 꽤 많은 수를 두고, 고르고 골라서 마시는 저임에도 이번 미드나잇만큼은 아니었습니다. 마시는 내내 향긋함을 잃고 싶지 않았거든요. 안주를 한입 하는 그 순간, 맥주잔이 입에서 멀어진 그 순간에도 미드나잇의 존재감이 사라지지 않았으면 좋겠다 싶어서 고민도 하지 않고 딸기를 페어링했습니다. 비록 달콤함보다는 새콤함이 더한 여름 딸기인데다, 철이 아닌 탓에 아주 어여쁜 모양새는 아니지만, 맥주와 헤어진 잠깐 사이, 희미해져 가는 딸기 향을 다시 붙잡아주기엔 아주 좋은 안주입니다. 약간의 고소함을 위해 바른 리코타 치즈와 땅콩버터가 살

맥주가 코끝에서 멀어져도 딸기 향만큼은 잃지 않겠다는 의지

짝 느끼하지 않을까도 싶지만, 이까짓 기름짐은 미드나잇이 쉽게 해결해 줍니다. 안주가 조금 선을 넘더라도 괜찮습니다. 미드나잇은 한밤에 가야 할 길을 너무나 잘 알고 있고, 곁에 다가온 친구들도 꼼꼼히 챙겨 데리고 나아가거든요.

UF 비어의 미드나잇 추천 페어링으로는 순대와 선지해장국도 있는데요. 허 대표는 주로 순대와 페어링한다고 합니다. 그 맛의 조합은 차치하더라도 어쩐지 탐이 나지 않을 수 없는 페어링임은 확실한 듯합니다. 조용한 자정의 시간, 피로 만든 음식에 퇴폐미가 흘러넘치는 빨간 맥주 한 잔이면 뱀파이어 부럽잖게 회춘할 수도 있지 않을까요? 혹시 또 알까요. 앞으로 마주치게 될 매일의 주름진 밤들, 그중 하나를 바치듯 내어놓으면, 미드나잇을 머금은 시간이 싱그러운 청춘의 밤으로 되돌아올는지요.

앰버 에일의 적정 서빙 온도는 7~10도입니다. 하지만 미드나잇은 온도가 조금 더 높아져도 힘이 빠지지 않습니다. 도리어 사뭇 진지해져서 가지고 있는 것들을 한결 더 진하게 보여주는 느낌이죠. 향들이 주눅 들거나 사그라지지 않는 데다가, 찬 기운이 물러난다고 해서 맥주의 전체적인 균형이 깨지지도 않습니다. 오히려 살아나는 윤곽들 덕분에 약간 높은 온도의 미드나잇이 제 취향에 더 가깝기도 하고요. 그렇다면 조금 더 내버려두지 못할 이유가 있을까 싶습니다. 한 병의 맥주를 좀 더 멋지게 즐길 수 있다면, 한 뼘의 기다림 정도는 쉬이 감수할 수 있는 게 우리들 아니겠습니까.

밤의 자락을 지나온 잔은 결국 바닥을 드러내고야 맙니다. 하지만 아쉬워할 필요는 없을 듯합니다. 미드나잇이 당신을 위해 남겨둔 마지막 디저트를 맛볼 시간이거든요. 빈 유리잔엔 잔 벽을 따라 온통 흘러내렸던 미드나잇의 향이 잔뜩 묻어 있을 겁니다. 입안에 남은 맥주의 여운을 느끼며 코를 잔에 박아 넣고 휘발되어 가는 달콤한 향들을 깊게 들이마셔 보세요. 맥주와의 마지막 시간, 감미롭게 귓속을 채우는 재즈와 잔 너머로 몇 방울의 흔적을 비춰내는 촛불. 오감을 일깨우던 달콤한 인생의 어느 한 밤이 미드나잇의 빈 병 속에 완벽히 들어차 있을 테니까요.

맥주 정보

- **맥주명**: 미드나잇 앰버 인텐소Midnight Amber Intenso
- **브루어리명**: UF 비어UF Beer
- **맥주 스타일**: 앰버 에일
- **시음평**: 농익은 나른함과 퇴폐미가 돋보이는 단단한 앰버 에일
- **페어링과 그 밖의 추천 페어링**: 딸기 디저트, 선지해장국, 피순대, 스낵류, 하드 치즈

맥주,
하루를 완성하는 한 잔

이성준 편

음악과 영화가 그러하듯, 오늘 나의 기분과 상황에 맞는 맥주가 있습니다.
'오늘의 맥주'라 이름 붙인 이 맥주들을 마시는 즐거움에 취해 블로그에 맥주 글을 하나 둘 쓰다보니 벌써 8년째, 약 700여종에 이르는 맥주 이야기를 네이버 블로그 《춘비어찬가》에 연재 중이고, 《오늘의 맥주》라는 책까지 출간하게 됐습니다.
그리고 이렇게 마시고 즐기는 동안 정 들고 푹 빠진 브루어리들을 혼자 알긴 아깝다고 생각하던 차에, 이 책을 빌어 많은 분들께 소개할 수 있게 되었습니다. 《우리 동네 크래프트 맥주》를 통해 독자분들 모두 자신의 기분에 따라, 상황에 따라 다양한 브루어리의 수많은 맥주를 즐기며, 맥주가 주는 즐거움을 느껴보길 진심으로 바라겠습니다. 그리고 맥주로 음악, 영화 못지않게 나를 잘 표현해 주는 플레이리스트를 만들어 보셨으면 좋겠습니다.

서울 한복판에 자리 잡은 영국 맥주 오아시스 - 아쉬트리

맥주 만들기 동호회에서 만난 사람들이 만든 브루어리 - 에일리언 브루잉

강릉 주민의 마음속 깊이 뿌리내린 브루어리 - 버드나무 브루어리

롯데월드타워 바로 밑에서 즐기는 정통 독일 맥주 - 슈타인도르프

구한말 정동에서 마시는 맥주 한 잔 - 독립맥주공장

소맥 탈 때 제일 맛있는 맥주를 만들겠다며 독일로 떠난 사람이 만든 맥주 - 베베양조

- 브릿지 2: 시간을 거슬러 가니, 그곳엔 그가 있었다

서울 한복판에 자리 잡은 영국 맥주 오아시스

- 아쉬트리 -

지금도 감히 스스로 맥주에 대해 잘 안다고 말할 순 없지만, 지금보다 더 배움이 필요했던 초심자 시절에는 맥주에 대해 몇몇 잘못된 편견을 갖고 있었습니다. 도수가 높은 맥주는 없을 거라는 착각, 맥주는 저렴한 술이라는 희망적인(?) 착각, 그리고 오직 독일 맥주만이 세계 최고라는 큰 착각까지.

특히 이 중에서 가장 깨뜨리는 재미가 컸던 편견은 '맥주는 독일'이라는 편견이었습니다. 물론 독일은 유구한 전통과 월드클래스 맥주를 보유한 양조장이 다수 포진한 맥주 강국이 맞습니다. 하지만 시간이 지나며 점점 여러 나라의 맥주를 마셔보니, 전 세계에서 유독 독일만 그런 건 아니었습니다. 결코 독일에 밀리지 않는 맥주 강국들이 지구 곳곳에 자리 잡고 있었습니다. 독일의 바로 왼쪽에 붙어 있는 벨기에는 수도원 맥주와 '호가든'을 보유한 전통적인 강호였고, 오른쪽에 붙어 있는 체코는 최초의 황금빛 맥주인 '필스너 우르켈'을 탄생시킨 신흥 강호였습니다. 그 외에도 덴마크, 네덜란드, 아일랜드 그리고 미국까지 맥주에 있어 둘째가라면 서러워할 나라는 수도 없이 많습니다.

그리고 이 많은 맥주 강국들 중에서 제가 특별히 애정하는 곳이 한 곳 있었으니, 바로 영국입니다. 영국이 맥주 강국이라는 사실에 깜짝 놀라셨나요? 위스키만큼이나, 홍차만큼이나 영국은 맥주도 제법 잘 만듭니다. 잘 로스팅Roasting된 맥아에서 풍겨오는 약간의 볶은 향과 달콤함, 여기에 영국 홉 특유의 흙과 풀을 닮은 향기, 마지막으로 살구, 복숭아를 떠오르게 하는 효모의 에스테르까지. 영국의 에일은 세계 어느 곳에서도 조금이라도 비슷한 맛을 찾을 수 없을 만큼 독특하고

평일 이른 저녁, 벌써 많은 사람들이 아쉬트리에서 맥주를 즐기고 있다

매력적인 맥주입니다.

그런데 이 영국 맥주를 한국에서 즐기기에는 치명적인 문제가 있습니다. 영국 맥주는 한 병 구입하는 것조차도 정말 힘듭니다. 국내에 수입되는 영국 맥주의 종류 자체가 많지 않고, 그마저도 물량이 많지 않아 우연히 어디선가 눈에 띄기라도 하면 일단 쟁여 놔야 하는 맥주입니다. 정말 맛있는데 이렇게 구하기가 어려워서야…. 이럴 거면 차라리 영국 맥주의 맛을 모르고 사는 게 나았을지도 모르겠다는 생각까지 들곤 합니다.

그렇게 암흑의 시기를 지나 2021년, 서울 광진구 구의동에 마치 사막의 오아시스처럼 브루어리 한 곳이 등장하게 됩니다. 이제는 영국 맥주를 사랑하는 모든 한국인의 희망이 되어버린 곳, 그 이름도 멋진 '아쉬트리Ashtree'입니다.

아쉬트리의 문을 연 조현두 대표는 영국 땅에서 영국 맥주를 배워 온 진짜 영국 맥주 브루어입니다. '아, 이분도 영국 맥주를 너무 좋아한 나머지 직접 영국까지 건너가 배워왔구나!'라고 생각할 수 있지만, 의외로 조현두 대표는 대학원 공부, 그리고 와인 공부를 위해 영국에 머무르고 있었습니다. 그러던 어느 날, 평소와 마찬가지로 참석하게 된 와인 행사장에서 그의 인생을 바꿀 맥주 한 잔을 만나게 됩니다. 난생처음 크래프트 맥주를 마신 그 순간, 그는 '와! 어떻게 맥주가 이럴 수 있지?'라고 놀라며 크래프트 맥주의 매력에 빠져버렸다고 합니다.

맥주에 강한 호기심이 생겨버린 그는 밑져야 본전이라는 생각으로 다짜고짜 그 맥주를 만든 브루어리를 찾아갔습니다. 딱 3주 동안만 일하면서 맥주에 대해 배워보고 싶다는 제안에 사장님이 흔쾌히 승낙을 해주시며 그의 맥주 인생이 시작됐습니다. 조현두 대표는 원래 딱 3주만 배우고 다시 학업과 와인으로 돌아갈 생각이었다고 합니다. 하지만 독자분들께서도 예상하셨다시피 그는 다시 돌아가지 않았습니다. 지금 이 순간에도 그는 맥주를 만들고 있습니다.

영국에서의 양조 경험은 그에게 큰 자산이 되었습니다. 전 세계에 불고 있던 미국식 크래프트 맥주의 바람을 영국의 스타일로 해석하며 익힐 수 있었고, 벨기에 등 같은 유럽 대륙의 다른 나라 양조장과의 협업도 경험할 수 있었습니다. 그리고 시간이 흘러 2015년, 그는 이제 그동안 쌓은 특별한 자산을 바탕으로 독립하기로 결심합니다. 처음 한국에 돌아와서는 '굿맨 브루어리'를 만들며 이름을 알렸고, 이후 2021년에 '아쉬트리'의 문을 열며 조현두 대표가 그동안 쌓아온 자산을 마음껏 풀어내며 맥주를 만들고 있습니다.

아쉬트리에서는 조현두 대표의 자산이 바탕이 된 "세 가지가 살아있는 맥주들"을 만날 수 있습니다. 첫 번째로는 영국 맥주의 정통성이 살아있는 맥주들입니다. 대표적인 맥주로는 '라이트비터 1895', 그리고 '더 그레이트 비터'를 꼽을 수 있습니다. 특히 라이트비터 1895는 제 인생 최고의 맥주 중 하나로, 감히 무결점 영국 맥주라 부르고 싶은 걸작입니다. 캐러멜, 고소한 견과류가 떠오르는 맥아의 향을 시작으

(좌측) 무결점 영국 맥주인 라이트 비터 1895와 (우측) 좀 더 강력한 더 그레이트 비터

로, 비에 젖는 흙냄새, 물기를 머금은 풀 냄새, 그리고 눅눅한 런던의 공기를 닮은 홉 향기를 느낄 수 있고, 마지막으로 달콤한 복숭아를 닮은 효모의 조화는 가히 환상적이라 할 수 있습니다. 단지 이 한 잔만을 위해 아쉬트리에 방문하시는 것도 적극 추천해 드릴 정도로 멋진 맥주입니다. 더 그레이트 비터는 라이트비터 1895가 강화된 느낌으로, 좀 더 짙고 굵은 캐릭터를 감상하실 수 있는 맥주입니다.

그리고 크래프트 정신이 살아있는 맥주들도 만날 수 있습니다. 크래프트 정신의 상징인 미국의 느낌이 물씬 풍기는 '몰니르 IPA', 그리고 2024년 출시된 '아쉬트리 수퍼드라이'를 꼽을 수 있겠습니다. 몰니르 IPA는 전형적인 미국 크래프트 맥주, 웨스트 코스트 IPA West Coast

IPA 스타일로 맥아의 달콤함과 홉의 열대 과일 향, 그리고 쌉쌀함이 무기인 맥주입니다. 그리고 아쉬트리 수퍼드라이는 청량하고 가벼운 라거이면서도 카즈벡 홉, 사츠 홉을 넣는 등 '손맛'이 좀 더 느껴지도록 설계한 맥주입니다.

마지막으로는 진짜 살아있는 맥주들을 만날 수 있습니다. 아쉬트리에서는 맥주를 병에 담는 과정에서 살아있는 효모까지 담는 '프라이밍Priming' 기법을 사용하고 있습니다. 사실 효모를 병 안에 넣게 되면 시간의 경과에 따라, 그리고 외부 환경에 따라 맥주 맛이 쉽게 변하게 됩니다. 따라서 대형 브루어리에서는 맥주의 품질 관리를 위해 프라이밍 기법을 사용하지 않는 경우가 많습니다. 하지만 아쉬트리에서

프라이밍 기법으로 만들어진 맥주가 냉장고에서 출격 대기 중이다

는 반대로 깊은맛을 위해 프라이밍을 택했습니다. “프라이밍한 맥주를 마셨을 때 느껴지는 그 깊은 느낌은, 프라이밍하지 않은 맥주가 못 따라가요.”라며 조현두 대표는 효모의 역할을 강조합니다. 물론 효모가 의도한 대로의 퍼포먼스를 보여줄 수 있도록, 언제나 효모의 건강과 균형감을 유지하는 힘든 과정은 필요합니다. 이런 노력 덕분에 아쉬트리에서는 진짜 ‘살아있는 맥주’를 마실 수 있습니다.

“언제 가장 보람을 느끼세요?”라는 질문에 조현두 대표는 말합니다. 맥주를 통해 자신이 받았던 감동을 고객분들께서 그대로 느껴주실 때 가장 보람을 느낀다고. 그래서 그는 맥주를 만드는 단계부터 따르고, 서빙하는 순간까지 온전히 감동을 드릴 수 있도록 애쓰고 있습니다.

그리고 저를 비롯해 아쉬트리에 방문하는 많은 분들이 가장 감동받는 포인트는 아쉬트리만의 무기, 국내 유일의 카스크 에일Cask Ale일 것입니다. 요즘은 대부분의 펍, 맥줏집에서 케그Keg, 맥주를 대량으로 담아둔 스테인리스 통에 이산화탄소를 쏘아 그 압력으로 맥주를 따르는 방식을 사용하고 있습니다. 이 방식 덕분에 탭 손잡이만 살짝 기울이는 것만으로도 너무나 간편하게, 탄산감 빵빵하게 맥주를 따를 수 있습니다. 하지만 아쉬트리에서는 맥주를 카스크Cask, 케그 이전에 널리 사용되던 통에 넣고, 손잡이를 온 힘으로 잡아당겨 펌핑하는 굉장히 수고스러운 과정을 거쳐 맥주를 따르고 있습니다. 이렇게까지 고생을 사서 하는 이유는 아쉬트리를 방문하는 분들에게 진짜 영국 맥주를 마시는 감동을 드리기 위해서입니다. 영국에서도 전통을 고수하는 펍에서나 만날 수 있는 이 카스크 에일을 서울 한복판에서 즐길 수 있다는 건 굉장한 행운입니다. 아, 이렇게 맥주를 따르면 맛이 다르냐고요? 물론입니다! 맥주를 따를 때 이산화탄소가 더해지지 않아서 훨씬 부드러운 질감으로 맥주를 마실 수 있고, 아쉬트리 맥주의 맛을 좀 더 세밀하게 느끼며 만끽할 수 있습니다. 여기서 중요한 포인트는 카스크 에일이 특정 맥주 스타일을 지칭하는 게 아니라는 점입니다. 그 날, 그 날 맥주의 상태에 따라 마일드 에일이 카스크 에일로 서빙될 수도 있고, 포터가, 혹은 오트밀 스타우트가 서빙될 수도 있습니다. 이게 바로 아쉬트리로 가는 길이 설레고 기대되는 가장 큰 이유입니다.

아쉬트리의 트레이드 마크인 카스크 에일의 손잡이. 참으로 위풍당당하다!

조현두 대표에게는 꿈이 하나 있습니다. 언젠가 어느 치킨집에 가더라도 카스크 에일을 즐길 수 있는 날이 오도록 만들고 싶다는 꿈. 그는 "시원한 맥주가 꽂혀있는 케그, 그리고 영국 에일이 꽂혀있는 카스크가 하나씩 치킨집에 있다면 어마어마하지 않을까요?"라며 낭만적인 꿈을 이야기합니다. 이 꿈이 불가능하다고 생각하지는 않습니다. 지금처럼 감동을 주는 맥주가 꾸준히 이어진다면 아쉬트리에 빠지고, 더 나아가 영국 맥주에 빠지는 사람이 늘어날 테니까요. 그러면 가깝진 않더라도 최소한 조금 먼 미래에는 가능하지 않을까요? 여러분께서도 조현두 대표의 멋진 꿈에, 그리고 모든 치킨집에서도 카스크 에일을 즐길 수 있는 날이 오길 바라는 마음에 동참해 주실 거죠?

아쉬트리Ashtree, 물푸레나무라는 이름은 북유럽 신화에서 우주를 뚫고 솟아있는 거대한 물푸레나무 '이그드라실Yggdrasil'을 모티브로 지었습니다. 모든 세상을 연결하고 아우르는 이그드라실 안에는 난쟁이부터 거인까지 세상의 모든 존재들이 살고 있다고 합니다. 조현두 대표는 이그드라실 안에 있는 모든 존재가 자신을 봤을 때, 그리고 신께서 보기에도 '가치 있는 일을 했다'고 인정해 주었으면 하는 바람에서, 그리고 그렇게 하겠다는 의지를 담아 아쉬트리라고 이름을 지었습니다.

아쉬트리에 수없이 방문해 본 제 입장에서, 아쉬트리는 그 이름이 매우 잘 어울리는 장소라고 생각합니다. 조현두 대표의 철학이 담긴 훌륭한 영국 맥주들, 그리고 미처 소개해 드리지 못했지만, 영국 맥주

못지않게 훌륭한 벨기에 맥주들까지. 맥주로 이렇게 감동을 주는 곳인데 이그라드실의 그 어떤 존재가 감히 인정하지 않을 수 있을까요?

마지막으로 여러분께서 아쉬트리에 방문하기 전 꼭 알아두실 두 가지 꿀팁을 말씀드려야겠습니다. 아쉬트리에서는 애쉬트리가 아니라 아쉬트리로, 캐스크 에일이 아니라 카스크 에일로, 마치 이곳이 영국인 것처럼 발음해야 하는 룰(?)이 있습니다. 처음에는 어색할 수 있지만, 주변의 시선은 신경 쓰지 말고 호기롭게 카스크 에일을 외쳐주세요. 아마 조현두 대표가 흐뭇하게 웃으며 환상적인 카스크 에일을 서빙해 드릴 겁니다. 그리고 그렇게, 서울 속 작은 영국을 있는 그대로 즐겨주시면 아마 맥주가 더 맛있게 느껴질 것입니다.

그리고 가끔은 아쉬트리에 귀여운 손님이 찾아오기도 합니다. 가끔

행운의 고양이 '윈스턴'을 꼭 만나보시길!

맥주를 한 모금 마실 때마다 슬쩍슬쩍 창문 밖을 잘 살펴보세요. 귀여운 길고양이 '윈스턴'과 눈인사 나누며 맥주를 마시는 행운을 차지할지도 모르니까요!

- **브랜드명**: 아쉬트리
- **브루어리명**: 아쉬트리
- **설립 연도**: 2021년
- **형태**: □ 브루어리 ■ 브루펍 □ 직영펍 □ 계약 양조
- **특징**: 정통 영국 맥주와 카스크 에일을 만날 수 있는 특별한 양조장
- **주요 맥주 및 스타일**: 라이트 비터 1895(앰버 비터), 더 그레이트 비터(엑스트라 스페셜 비터), 브라운 포터(잉글리시 브라운 포터)
- **주소**: (브루펍)서울 광진구 아차산로49길 22 1층
- **인스타그램**: ashtreebrewery

맥주 만들기 동호회에서 만난 사람들이 만든 브루어리

- 에일리언 브루잉 -

미국에서 유독 세계적인 스타트업이 많이 탄생하는 이유가 뭐라고 생각하나요? 많은 이유가 있겠지만 가장 큰 이유는 그들에게 차고가 있기 때문이라는 말이 있습니다. 차고는 사전적 의미로는 자동차를 넣어두는 곳에 불과하지만, 미국인들에게 차고는 나만의 작업실입니다. 작업실이 없는 사람들은 무언가를 만들거나 표현하려면 당장 공간부터 마련해야 합니다. 비용도 많이 들 것이고 시간도 많이 쓰게 되죠. 하지만 집에 나만의 작업실이 있다면 이런저런 작업을 쉽게 시작하고, 빠르게 몰입할 수 있습니다. 그래서 차고는 미국이 가진 일종의 치트 키라는 생각까지 듭니다.

이 미국의 치트 키는 비단 IT 기업에만 해당되는 이야기가 아닙니다. 미국의 크래프트 브루어리 역시 차고에서 시작한 예가 많습니다.

가만 생각해 보면 차고야말로 홈브루잉 하기에 최적의 장소니까요. 넓어서 원재료들을 쌓아두기에도 좋고, 여러 사람 불러서 같이 양조하고, 교류하기에 딱 맞는 장소입니다.

그럼 차고가 흔치 않은 한국에서는 어떻게 홈브루어들이 모일까요? IT 강국 한국에서는 2002년 맥주 만들기 동호회, 이른바 '맥만동'이 탄생하며 전국의 홈브루어들이 정보를 주고받고, 정기적인 모임을 갖고, 공동 양조도 할 수 있게 됩니다. 미국이 차고 문화를 바탕으로 홈브루잉을 발전시켰다면, 한국은 온라인 동호회를 통해 홈브루잉을 발전시켰다고 할 수 있습니다. 그 맥만동에서 맥주를 만들던 재야의 고수들이 모여 문을 연 브루어리가 있으니, 오늘의 주인공인 '에일리언 브루잉'입니다.

현재 에일리언 브루잉을 운영하는 윤현 대표, 이병희 이사, 한국인 이사는 2019년, 각자의 집에 홈브루잉 맥주들이 쌓여가고, 덩달아 넓은 공간도 필요하게 되면서 '아예 양조장을 차려보자'는 생각으로 브루어리를 만들었습니다. 맥덕 중에서도 완전 하드코어 맥덕들이 모여 맥주를 만든다니, 어쩐지 굉장히 마니악한 맥주를 만들 것 같은 생각이 듭니다. 하지만 의외로 이들이 추구하는 건 취하기 위해 마시는 맥주가 아닌, '즐기며 소통할 수 있는 맥주'입니다.

자신들이 추구하는 맥주를 더 넓은 세상에 내놓기 위해 에일리언 브루잉은 지금보다 더 많은 양의 맥주를 만들어야 했고, 소비자와 직

어쩐지 정감 가는 기운을 마구 뽐내는 을지로 외계인의 입구

접 만날 수 있는 공간도 필요했습니다. 그래서 마련한 공간이 강원도 홍천의 양조장과 서울 을지로의 펍, '을지로 외계인'입니다. 홍천 양조장에서 만들어진 맥주들이 을지로 외계인 매장을 통해 대중과 만나는 것이죠. 아, 그런데 매장 이름이 왜 을지로 외계인이냐고요? 평소 자신들을 일컬어 에일Ale 맥주를 만드는 사람이라는 의미에서 '에일리언Aleian'이라고 부르곤 했는데, 이를 살려 고객분들에게 더 쉽고 친근하게 다가가기 위해서였다고 합니다. 이름에 걸맞게 매장 안은 외계인, 우주 콘셉트로 아기자기하게 잘 꾸며져 있습니다. 어릴 적 외계인이 등장하는 영화 《E.T.》를 비롯해 《닥터 후》, 《스타워즈》 시리즈를 즐겨 봐서 그런지 이 공간이 무척 친근하게 느껴집니다. 어릴 적 동경했던

우주와 지금 동경하는(?) 맥주가 한 공간에 모여있어 묘한 느낌이 들기도 하구요. 아마 누구든 매장을 방문하시게 되면 맥주 만드는 외계인, 에일리언의 공간에 마음을 빼앗기실 거라 생각합니다.

앞서 말씀드렸듯 에일리언 브루잉이 추구하는 맥주는 '즐기며 소통할 수 있는 맥주'입니다. 그리고 그런 맥주를 만들기 위해 홈브루어 출신의 세 명은 언제나 박 터지게(?) 싸우고 있습니다. 에일리언 브루잉의 이름을 걸고 소비자와 만나는 맥주이기 때문에 모두의 마음에 드는, 만장일치로 선택한 맥주만 출시합니다. 예를 들어 한국인 이사가 만든 맥주가 정식으로 출시되려면 윤현 대표와 이병희 이사의 마음에도 들어야 하는 것이죠. 맛은 좋은지, 에일리언 브루잉의 색깔이 더해졌는지, 그리고 즐기면서 소통할 수 있는 맥주인지에 대해 세 사람 모두가 동의해야만 합니다.

물론 이 세 명이 선호하는 맥주 스타일은 제각각 다릅니다. 윤현 대표는 클래식한 베스트 비터, 인디아 페일 에일IPA 맥주, 이병희 이사는 사워 계열의 맥주, 그리고 한국인 이사는 필스너 등의 음용성이 좋은 맥주를 선호합니다. 이렇게 각자의 기호를 가진 세 명이 서로를 설득하고 납득시키는 과정이 분명 쉽지만은 않겠지만, 이런 과정이 바로 지금의 에일리언 브루잉을 만든 힘이 아닐까 싶습니다.

현재 에일리언 브루잉의 대표 맥주는 '에일리언 고제'입니다. 고제는 독일 북부의 고슬라Goslar라는 소도시에서 유래한 스타일의 맥주로

공상과학 영화를 떠올리게 하는
을지로 외계인의 멋진 인테리어

소금과 고수, 그리고 상면 발효 효모가 들어간 것이 특징입니다. 오리지널 독일 고제를 마셔보면 예상보다 시고 짠 맛에 당황하는 경우가 종종 있는데, 에일리언 고제는 이런 부담을 줄이고 마시기 쉽게 해석한 맥주입니다. 적당히 시고, 적당히 짜서 침샘을 콕콕 자극하는 맥주랄까요? 이 탁월한 음용성 덕분에 에일리언 고제는 에일리언 브루잉에서 가장 처음 만장일치를 받은 맥주가 되었습니다. 게다가 유로피언 비어 스타European Beer Star에서 동상 수상의 깜짝 영예까지 안게 되며 명실상부 에일리언 브루잉을 대표하는 맥주로 자리 잡았습니다. 그리고 지금은 에일리언 고제에 바질을 추가한 '바질리스크', 오미자를 넣은 '고제 온 미' 등의 베리에이션으로 더 많은 사랑을 받고 있습니다.

그 외에 에일리언 브루잉의 정체성 그 자체라 할 수 있는 '삐터'도 놓쳐서는 안 될 맥주입니다. 에일리언 고제를 만들기 전, 홍천 양조장의 장비를 테스트할 겸 만들어본 맥주가 바로 이 삐터였습니다. 테스

에일리언 브루잉의 대표 맥주 중 하나인 삐터

트로 만들었는데, 다시 생각해 보니 너무 맛있어서 결국 출시까지 하게 된 경우죠. 영국을 대표하는 맥주 스타일인 베스트 비터Best Bitter 스타일인 삐터BBitter는 전형적인 영국 맥주의 맛을 보여줍니다. 두툼하게 느껴지는 몰트의 구수함과 젖은 흙냄새로 가득한 홉, 그리고 자두 맛 사탕을 떠오르게 하는 효모의 에스테르Ester의 조화는 왜 이들이 에일리언인지 알게 해줍니다. 개인적으로는 에일리언의 첫 맥주이자, 에일리언이라는 이름이 가장 잘 어울리는 삐터야말로 에일리언 브루잉에, 을지로 외계인에 방문했을 때 가장 먼저 마셔봐야 하는 맥주라고 생각합니다.

그리고 정통 저먼 필스너German Pilsner를 표방하면서도 호피함을 살짝 더 가미한 '에르스테 필스Erste Pils'도 빼놓을 수 없습니다. 2024년 여름을 겨냥하여 출시됐으나 여름이 오기도 전에 이미 매진되는 저력을 보여주며 '에일리언이 라거도 잘 만든다'는 걸 보여줬습니다. 이렇게 에일리언 고제, 삐터, 에르스테 필스는 에일리언 브루잉을 대표하는 정규 맥주로 자리를 잡았고, 그 밖에 시즈널 맥주, 타 브루어리와의 콜라보 맥주들도 점점 맥주 애호가들 사이에서 유명세를 얻고 있습니다.

그런데 해소하고 싶은 한 가지 궁금증이 남아있습니다. 흔히 집에서 맥주를 만든, 그것도 수년간 만든 사람들이라고 하면 대중적인 맥주보다는 마니악한 맥주를 선호할 것 같은데, 왜 에일리언 브루잉은 즐기며 소통할 수 있는 '쉬운' 맥주를 추구하는 걸까요? 이에 대해 윤현 대표는 "보통 외국에서 술은 음식과 함께 즐기는 음료로 인식되지만, 한국에서는 취하기 위해 마시는 수단으로 인식되는 게 아쉽기 때문"이라고 말합니다. 누구보다 많은 시간을 맥주 만드는 데 쏟고 누구보다 많이, 그리고 즐겁게 맥주를 마셔왔던 그들이 하고 싶었던 건 하드코어적인 맥주를 만들어 소수의 인정을 받는 게 아니었습니다. 맥주를 만들고 마시며 느꼈던 즐거움을 모두가 누렸으면 하는 바람을 실현하는 것이었습니다. 취하기 위해 마시는 게 아니라, 마시는 것 자체의 즐거움을 느끼는 문화를 만들고 싶어서였습니다.

그래서 을지로 외계인의 트레이드 마크는 바 좌석입니다. 바 자리

을지로 외계인의 트레이드 마크인 바(Bar) 좌석의 모습. 입담 좋은 아저씨들이 항시 대기 중이다

에 앉아 이야기를 주고받는 게 처음에는 조금 어색할 수 있지만, 맥주를 즐기기에는 최고의 자리입니다. 지금 내가 마시고 있는 맥주를 만든 사람들로부터 직접 설명을 들으며 마실 수 있는 자리. 지금 이 한 잔을 이보다 더 오롯이 이해할 수 있는 곳이 또 있을까요? 맥주에 대해 이야기를 나누다 보면 세 분이 생각하는 맥주란 무엇인지, 지금 마시고 있는 맥주는 어떻게 만들게 됐는지 등등 흥미진진한 이야기를 잔뜩 들을 수 있습니다. 시시콜콜한 잡담, 이런저런 이야기까지 이어지며 시간을 보내다 보면 어느새 맥주와 분위기를 즐기는 나를 발견하게 됩니다. 꼭 취할 때까지 진탕 마셔야 즐거운 게 아니라, 좋은 맥주와 좋은 음식, 그리고 좋은 사람들과 함께하면 즐겁다는 걸 느끼게 됩니다.

바 자리에서 가끔은 이렇게 히든 맥주도 마셔볼 수 있다. 사진의 맥주는 '동치미 고제'

혹시 을지로 외계인의 바 자리에 앉기가 무서운 분들이 계실 수도 있을 것 같습니다. 맥주에 대해 아무것도 모르는데, 공부를 해본 적도 없는데 무작정 앉아도 될까?라는 걱정 때문에요. 하지만 전혀 그런 생각은 안 하셔도 됩니다. "맥주는 일부러 공부하면서 마시는 술이 절대 아니에요. 공부는 우리처럼 맥주를 만드는 사람이나 하면 되죠. 내 입맛에 맞는 맥주가 좋은 맥주라는 생각으로 즐겨주시는 것만으로도 충분합니다."라는 한국인 이사의 말을 믿고 그냥 한번 앉아보세요. 내 취향에 맞는 맥주를 발견하고 마시는 것만으로도 벌써 즐겁고 맥주에 대해 많이 알아가는 시간이 될 것입니다.

맥주를 너무 좋아한 나머지 집에서 맥주를 만드는 것도 모자라 아예 양조장까지 운영하는 멋진 사람들이 모인 곳, 에일리언 브루잉. 더 많은 사람에게 맥주 마시는 즐거움을 전파하려 끝없이 고군분투하는 이들을 보면, 이보다 더 맥주에 진심인 사람들이 있을까… 하는 생각에 저절로 응원하게 됩니다.

맥주 마시는 즐거움을 알고 싶으세요? 그냥 즐겁게 한잔 마시고 싶으세요? 그럼 이번 주말 에일리언을 만나러 을지로 외계인에 방문해 보시는 건 어떨까요? 입담 좋은 외계인 아저씨들과 함께 짧은 맥주 여행을 떠나보시죠!

- **브랜드명**: 에일리언 브루잉
- **브루어리명**: 에이앤씨 브루잉(주)
- **설립 연도**: 2020년
- **형태**: ■ 브루어리 □ 브루펍 ■ 직영펍 □ 계약 양조
- **특징**: 에일 전문가라는 뜻의 '에일리언' 브루어들이 만드는 에일 위주의 맥주
- **주요 맥주 및 스타일**: 에일리언 고제(고제), 삐터(베스트 비터), 에르스테 필스(저먼 필스너)
- **주소**: (브루어리)강원 홍천군 홍천읍 연봉로9길 28, 203호 (이전 예정)
  (직영펍)서울 중구 퇴계로41길 31 2층 을지로외계인
- **인스타그램**: aleian.brewing / eulji_aleian

강릉 주민의 마음속 깊이 뿌리내린 브루어리

- 버드나무 브루어리 -

'버드나무 브루어리Budnamu Brewery'의 맥주를 처음 만난 날은 지금도 잊을 수가 없습니다. 2017년 여름, 지금은 와이프가 되어버린 전 여자친구와 함께 무더위를 피해 찾은 어느 음식점에서 버드나무 브루어리를 처음 만났습니다. 그날이 너무 더웠었기 때문에 더 기억에 남은 걸지도 모르지만, 더위를 한 방에 날려버리는 청량함과 입안을 가득 채우는 홉 향기의 충격이 뇌리에 강하게 박혔습니다. 그리고 궁금증이 생겼습니다. '강릉에도 브루어리가 있네? 유동 인구가 많은 수도권이 아니라 왜 강릉일까? 강릉에서 관광객만을 상대로 장사를 하는 거라면 오래 갈 수 있을까?'. 이런 궁금증을 가진 채, 그리고 종종 대형마트에서 버드나무 브루어리의 맥주들을 마시며 세월을 보내길 7년. 2024년이 되어서야 직접 방문해 본 강릉에서 이 궁금증에 대한 답을

매장 곳곳에 피어난 백일홍 나무

들어볼 수 있었습니다. 그리고 제 생각은 완전히 바뀌게 되었죠. 버드나무 브루어리는 강릉에 있어야만 한다고.

강원도 강릉시 홍제동에 위치한 버드나무 브루어리는 과거 막걸리 양조장이었던 건물을 리모델링하여 만들어진 브루펍이었습니다. 지금은 생산하는 맥주량이 많아 외부에 공장을 따로 두고 있지만, 처음에는 매장 1층에서 맥주를 만듦과 동시에 바로 1층, 2층에서 신선한 맥주를 마실 수 있는 곳이었습니다. 신선한 맥주를 천천히 음미하며 매장 곳곳에 예쁘게 피어난 백일홍 나무를 바라볼 수도 있고, 널찍한 뒷마당에서 가족끼리 오손도손 떠들며 즐겁게 한잔 마실 수도 있는 곳. 버드나무 브루어리는 과거 막걸리 양조장이 언제나 주민과 호흡하며 같은 자리를 지켜왔듯, 앞으로도 늘 함께하는 공간이자 사랑방 같은 장소가 되었으면 하는 바람으로 만들어졌습니다. 그리고 벌써 약 10년이라는 시간이 지난 지금. 버드나무 브루어리는 이웃 주민과 함께 호흡하며 그들의 마음속에 뿌리를 내리고 있습니다. 이제 자연스러운 궁금증이 생깁니다. 어떻게 이들은 10년 만에 주민들의 사랑방이 될 수 있었던 걸까요?

버드나무 브루어리의 맥주들을 처음 만나면 가장 먼저 독특한 이름이 눈에 들어옵니다. '미노리 세션', '즈므 블랑' 등 낯선 단어들이 맥주 이름으로 붙어 있습니다. 그리고 자세히 들여다보면 맥주의 원재료까지 맥주의 이름과 깊은 연관이 있습니다. 이게 무슨 말이냐고요?

쌀 맛 가득한 맥주, 미노리 세션의 예부터 들어보겠습니다. 미노리 세션이라는 이름을 들었을 때 자칫 일본어가 아닐까? 하는 오해를 할 수도 있지만 엄연히 순수 한국어, 아니 강릉어(?)로 지은 이름입니다. 강릉시 사천면에 위치한 마을 '미노리里'에서 수확한 쌀을 넣어 만든 세션 IPASession IPA죠. 쌀이 들어간 맥주라고 하면 흔히 생산 단가를 낮추기 위해 보리 외의 곡물을 활용한 부가물 라거Adjunct Lager를 떠올립니다. 하지만 미노리 세션에 들어간 쌀은 그런 목적이 아닙니다. 한 잔 마셔보면 바로 알 수 있듯, 구수하고 익숙한 쌀 맛이 이 맥주의 주인공입니다. 한국적인 세션 IPA라고 할까요? 미노리의 쌀은 이 맥주에 정체성을 부여하고, 어디에서도 맛볼 수 없는 독특한 맛을 내는 훌륭한 주재

미노리 세션, 즈므 블랑, 하슬라 IPA등 맛 좋은 맥주들을 집에서도 즐길 수 있도록 병맥주도 준비돼 있다

료입니다. 여기서 또 중요한 포인트가 하나 있습니다. 버드나무 브루어리는 미노리의 농장과 계약재배 방식으로 쌀을 공급받고 있습니다. 농가의 안정적인 수익을 보장하는 동시에 본인들도 안정적인 공급망을 확보한 셈이죠. 지역의 쌀을 사용하여 독특한 맛도 내고, 농가와 버드나무 브루어리 모두 윈윈하는 전략. 꾸준히 오래 갈 수밖에 없는 상생 전략이 아닐까 생각됩니다.

즈므 블랑은 강릉의 '즈므 마을'이라는 곳에서 자란 국화와 산초 열매를 넣은 위트비어입니다. 흔히 호가든으로 대표되는 위트비어의 맛에 국화 특유의 꽃향기와 산초 열매의 스파이시함이 더해진 맥주로, 버드나무 브루어리를 찾는 여성 관광객의 사랑을 독차지하고 있습니다.

여기서 저는 또 의문이 생겼습니다. 이렇게 맛있는 맥주의 원재료를 생산해 주는 어르신들도 이 맥주를 드셔보았을까? 그분들이 좋아해 주셔야 진짜 의미 있는 게 아닐까? 그리고 저의 이런 돌발 호기심에 대해 버드나무 브루어리 박현영 매니저는 너무나 당연하다는 듯 가볍게 대꾸해 주었습니다. "물론이죠! 모내기 철, 수확 철에는 미노리에 가서 일손을 돕고 있는데, 어르신들께서 새참 드실 때 버드나무 맥주를 즐겨 드세요!" 심지어 어르신들께서 서로 이게 더 맛있니, 저게 더 맛있니. 옥신각신 하시기까지 한다고…. 맥주의 원재료를 수확하는 어르신들께서, 주변 이웃분들께서 즐겨 마시는 맥주라는데 이 이상 더 멋진 맥주가 있을까요?

버드나무 브루어리는 여기서 한 발 더 나아가 아예 지역 주민분들을 소재로 맥주를 만들기까지 합니다. 매년 한 분을 '우리 동네 히어로 맥주'의 주인공으로 선정하여 그분을 소재로 맥주를 만드는 재밌는 이벤트를 진행하고 있습니다. 물론 우리 동네 히어로는 대단한 일, 큰일을 해야지만 될 수 있는 건 아닙니다. 소소하게 주변을 위하고 도움을 주고, 긍정적인 에너지를 퍼뜨리는 사람이라면 누구나 주인공이 될 수 있습니다. 제가 방문했던 2024년 6월에는 '최승시'라는 분이 주인공인, 마리골드 잎과 맨드라미가 들어간 '최승시 에일'이 한창 판매

되고 있었습니다. 강릉시 성산면에 거주하시는 최승시 님께서는 평소 혼자 계시는 노인 분들께 식사도 대접하고, 귀촌 농가에 농사 노하우로 스스럼없이 전수해 주며 항상 주변을 웃게 만드는 분이라고 합니다. 그런 최승시 님에게 한 가지 트레이드 마크가 있었으니 바로 꽃차입니다. 주변 분들에게 향기로운 꽃차를 나눠 주시는 모습에서 영감을 얻어 만들어진 맥주가 '최승시 에일'이고요. 이런 재미난 맥주를 놓칠 수 없다는 생각에 후딱 한 모금 마셔보니 살살 느껴지는 꽃향기 덕분에 최승시 님의 따듯한 마음이 느껴지는 듯했습니다. 최승시 님도 분명 이 맥주를 좋아하시겠죠?

최승시 님만큼이나 곱고 온화했던 최승시 에일 한 잔

그리고 이런 히어로들의 따듯한 마음을 널리 퍼뜨리고자, 우리 동네 히어로 맥주의 판매 수익금을 히어로가 지정한 곳에 기부하고 있습니다. 최승시 에일의 판매 수익도 최승시 님께서 지정한 세 곳에, 따듯하게 전해졌다고 합니다.

2024년에 벌써 5회차를 맞았다는 우리 동네 히어로 맥주. 앞으로는 어떤 분들이 주인공이 되어 어떤 맛있는 맥주가 나올지 매년 찾아보고 마셔보는 재미도 있겠습니다.

버드나무 브루어리가 강릉에 녹아든 또 하나의 방법은 바로 공간과 땀을 공유하는 것이었습니다. 그 대표적인 예가 바로 '책맥'입니다.

의외로 책과 맥주가 잘 어울린다는 사실 알고 계시나요? 천천히 향기로운 맥주를 마시며 책에 빠져드는 느낌은 커피나 차가 주는 그것과는 또 다른 매력이 있습니다. 개인적으로는 책과 맥주야말로 최고의 궁합이 아닐까 생각하기도 합니다. 아무튼 이 기막힌 조합을 살려 기획한 것이 바로 책맥입니다. 매장 가운데 위치한 책장의 책을 한 권 구입하면, 맥주도 한 잔 무료로 제공하는 방식으로 운영합니다. 혼자 맥주 한두 잔 마시며 책에 빠져들 수 있는 나만의 시간. 한번 이 맛에 빠지면 헤어 나오기 힘든데, 아마 강릉 주민분들 중에도 이 매력에 빠져 매주 버드나무 브루어리에 들르는 분들이 꽤 많이 계실 것 같습니다.

책맥 외에도 공간을 무료로 대여하고 맥주까지 한 잔씩 무료로 제공하는 '공간을 빌려드립니다' 이벤트 등을 진행하며 버드나무 브루어리는 주민들이 좀 더 자주, 쉽게 들를 수 있는 공간을 만들어왔습니다. 언제나 문을 열어놓고 와주길 기다리고, 얼른 들어오게끔 유혹해왔습니다. 그 덕분일까요? 매장에서 맥주를 마시며 주변을 둘러보면 관광객이 아닌 주민들을 어렵지 않게 찾아볼 수 있습니다. 슬리퍼에 반바지 차림으로 가볍게 혼자 책맥을 즐기는 분부터, 강렬한 IPA를 주고받는(?) 노부부, 할아버지부터 손녀까지 삼대가 모여 즐거운 시간을 보내는 가족분들까지. 이들을 바라보니, 이렇게 멋진 '슬리퍼 상권'을 지닌 강릉 주민분들이 부러워졌습니다. 어쩌면 먼 미래에 내가 귀촌을 한다면, 그곳은 강릉이지 않을까? 라는 엉뚱한 생각까지 하면서요.

버드나무 브루어리는 여기서 그치지 않고 지역 경제의 현장에서 땀 흘려 뛰는 분들의 삶 속에 들어가려 노력하고 있습니다. 가장 대표적인 예로는 정동진 영화제를 꼽을 수 있습니다. 영화제를 찾는 관광객에게 강릉 색깔 가득한 맥주를 판매해 강릉에서만의 추억을 선물하는 것은 물론, 여기서 발생한 수익을 영화 발전 기금으로 기부하고 있습니다. 꼭 영화제가 아니어도, 제가 방문했던 6월에 한창 진행 중이던 강릉 단오제에서도 버드나무 브루어리의 맥주가 축제의 분위기를 한껏 뜨겁게 만들며 지역 상권에 도움을 주고 있었습니다. 큼직한 행사마다 호응도 얻어내고 지역 경제에 보탬이 되며 지지를 얻는 모습에서 지역과 함께 하려는 이들의 의지를 엿볼 수 있었습니다.

여기까지 들으면 그저 홍보 효과를 노리고 하는 게 아니냐 오해하는 분들도 있을 겁니다. 그런 분들을 위해 말씀드리고 싶은 게 바로 고메 강릉 워크숍입니다. 홍보와는 상관없이, 그저 모두 잘 되자는 취지로 지역 소상공인들을 초대해 다양한 레시피를 공유하는 자리입니다. 맛있는 하이볼을 만드는 법부터 수제 소시지 만드는 법, 추석 차례주 빚기 등의 특강으로 강릉을 더 맛있는 도시로 만들고 있습니다. 물론 이 특강에 꼭 지역 소상공인만 참여할 수 있는 건 아니고, 관심 있는 일반인(?)도 사전 신청을 하면 참여할 수 있습니다. 이를 통해 강릉도 맛있어지고, 강릉을 찾는 관광객도 늘고, 관광객은 새로운 레시피도 배우는 일석삼조의 효과를 거두고 있습니다.

아, 그리고 한 가지 깜빡할 뻔했네요. 앞서 말씀드렸던 책맥을 기억하시나요? 책맥에서 판매되는 책은 인근 서점의 책입니다. 가볍게 책맥 한 잔 즐기는 것도 지역 경제에 보탬이 되도록 구성된 것이죠. 이렇

강릉 단오제에서 만난 버드나무 맥주

게까지 주변과 공간과 땀을 공유하니 버드나무 브루어리를 싫어하는 이웃이 있을 수가 없겠습니다.

자, 이제 제 궁금증에 대한 답을 들려드릴 차례입니다. 버드나무 브루어리는 왜 강릉에 있어야만 할까요? 저는 그 이유가 '마음에 오래 남는 브루어리'가 되기 위해서라고 생각합니다. 오래된 막걸리 양조장을 리모델링하며 시작한 것부터가, 사람들이 오랜 기간 드나들며 사랑방 역할을 하는 공간을 꿈꿨기 때문일 것입니다. 그리고 맥주에 지역 재료를 사용하고, 이름도 지역 색깔이 물씬 묻어나는 것으로 짓고, 아예 이웃을 모티브로 맥주까지 만들기까지 합니다. 여기에 항상 문을 열어둔 채 이웃을 환영하고 그들의 경제활동에 도움도 주죠. 이렇게 강릉과 하나가 된 브루어리는 관광객에게도 매력적인 장소로 느껴집니다. 내가 살던 곳과 다른 공간에서 새로운 무언가를 느끼고 배우는 게 곧 여행일 텐데, 그런 여행에 제법 잘 어울리는 장소가 이곳입니다. 나이 지긋한 동네 어르신부터 꽃다운 청춘의 동네 사람들이 뒤섞여 이야기를 나누는 곳. 평일에는 이웃의 웃음소리가 끝없이 이어지고, 주말에는 관광객의 웃음소리까지 겹쳐지는 곳. 그렇게 긴 세월 쌓여가는 버드나무 브루어리에서의 추억. 제가 찾은 정답은 바로 이것입니다.

그런 버드나무 브루어리가 2020년 다른 곳에도 뿌리를 내렸습니다. 새로운 장소는 바로 동탄. 강릉에서도 그랬듯 이곳에서도 이웃에게 천천히 스며들고 있습니다. 동탄에서의 콘셉트는 '크래프트Craft'입니다. 직접 손으로 무언가 만들어 먹는 것보다 사 먹는 것에 익숙한 젊은 이웃들에게 직접 만드는 즐거움, 그리고 먹는 행복을 알려주고 있습니다. 수제 소시지나 반찬을 만들고, 막걸리도 만들어보는 등 다양한 활동을 제공하고, 손으로 만든 음식도 판매하면서 말이죠. 물론 맛있는 버드나무 브루어리의 맥주도 만날 수 있습니다. 이런 행보를 보니 언젠가는 동탄의 이웃을 모티브로 한 맥주, 음식도 탄생하지 않을까 하는 기대감도 갖게 됩니다.

앞으로 동탄 외에도 얼마나 많은 곳에 버드나무의 뿌리가 내려질지 모릅니다. 하지만 아무리 각지에 수많은 버드나무가 생기더라도 강릉의 버드나무는 '오리지널'로서 쭉 남을 것입니다. 왜 그렇게 생각하냐고요? 각 지역에 생긴 버드나무에서 좋은 기억을 얻은 사람들은 곧 강릉의 오리지널 버드나무를 찾아갈 것이니까요. 그리고 이곳에서 또 좋은 기억을 갖고 돌아가 내 옆의 버드나무를 더 사랑하게 될 거니까요. 마치 강릉의 유명 커피 전문점이 강릉의 명소가 됐듯, 버드나무 브루어리도 멋지게 강릉의 명소, 친절한 이웃으로 오래오래 자리를 지켜주길 기대해 봅니다.

다시 찾아가고 싶은 그리운 버드나무 브루어리의 내부. 오래오래 찾아갈 수 있는 장소로 이어지길 염원한다

- **브랜드명**: 버드나무 브루어리
- **브루어리명**: 버드나무 양조장(주)
- **설립 연도**: 2015년
- **형태**: ■ 브루어리 □ 브루펍 ■ 직영펍 □ 계약 양조
- **특징**: 쌀, 국화, 솔잎, 오죽 등의 재료를 이용하여 한국적 풍미의 '강릉 맥주'를 만듦
- **주요 맥주 및 스타일**: 미노리 세션(세션 IPA), 즈므 블랑(위트비어), 하슬라 IPA(IPA), 백일홍 레드 에일(Red Ale)
- **주소**: (브루어리) 강원 강릉시 성산면 구산강변길 30 성산복지회관 1층
  (직영펍)강원 강릉시 경강로 1961
  (직영펍)경기 화성시 동탄대로 181 동탄린스트라우스더레이크 B동 지하3층 CB334호 버드나무크래프트 동탄점
- **인스타그램**: budnamu_brewery

롯데월드타워 바로 밑에서 즐기는 정통 독일 맥주

- 슈타인도르프 -

글쎄, 업무 시간에는 졸린 눈으로 시간을 보내면서, 맥주를 마실 때만 되면 반짝반짝 빛나는 눈으로 활기를 띠는 이상한 사람이 있습니다. 네, 맞습니다. 바로 제 이야기입니다. 그러다 보니 회사 사람들도 자연스럽게 제가 맥주에 미쳐있는 사람이란 걸 알고 있습니다. 그래서 가끔은 반가운(?) 부탁을 받기도 합니다. "회사 주변에 맥주 맛있는 곳에 좀 데려가 줘!"라는 요청을 받으면 심장 박동이 빨라지며 입이 근질근질해집니다. 제 선택은 언제나 '슈타인도르프Steindorf'입니다. 이곳에서 벌써 몇 명이 '맥덕'이 됐는지 모르겠습니다. 사실 슈타인도르프에서 정통 독일 맥주와 독일 음식을 즐기다 보면 맥덕이 되지 않는 게 더 어려운 일이니까요.

슈타인도르프는 잠실 관광특구, 그중에서도 잠실역과 몽촌토성역 사이의 방이동 먹자골목에 위치해있습니다. 먹자골목을 한창 거닐다 보면 왠지 모를 웅장한 건물이 하나 눈에 띄는데 그곳이 바로 슈타인도르프입니다. 여긴 도대체 뭐 하는 곳이지…? 라는 호기심에 지하 3층부터 지상 6층에 이르는 멋진 건물 안으로 들어가면 고급 레스토랑에서나 들릴 법한 클래식 음악, 그리고 포크와 나이프가 부딪치는 소리를 만날 수 있습니다. 그리고 좀 더 깊숙이 들어가 살펴보면 테이블마다 올라간 슈바인스학세, 소시지, 그리고 맥주가 눈에 들어오고 그제서야 이곳이 맥줏집이라는 걸 알게 됩니다.

슈타인도르프는 정통 독일 맥주를 추구하는 브루어리입니다. 지하에서 갓 만든 신선한 독일 맥주를 홀에서 바로 마실 수 있는 멋진 곳이죠. 이곳을 대표하는 맥주는 독일 뒤셀도르프의 전통 맥주인 알트비어Altbier 스타일의 '프로토Proto'입니다. 국내에서 흔히 볼 수 없는 알트비어를 대표 맥주로 삼은 것만 봐도 얼마나 독일 맥주에 진심인지 알 수 있습니다. 여기에 독일 현지의 맛을 그대로 재현한 슈바인스학세까지 곁들이면, 송파구 한복판에서 마치 독일에 온 것 같은 착각까지 듭니다.

이쯤 되면 이런 궁금증이 생깁니다. 왜 이런 곳에 독일 맥주 전문 브루어리가 있는 걸까? 그 역사는 무려 1973년으로 거슬러 올라갑니다. 슈타인도르프를 탄생시킨 강태순 회장은 1973년 두산그룹의 전신인 OB그룹에서 첫 직장 생활을 했습니다. 그곳에서 그는 청주, 보드카, 와인, 위스키, 그리고 맥주에 이르기까지 다양한 주종에 대해 경험하며 업계에서 입지를 굳혔습니다.

그리고 시간이 흘러 1990년대 초, 슈타인도르프의 탄생에 직접적인 계기가 되는 일이 발생하는데 엉뚱하게도 보리가 아닌 쌀이 그 시작입니다. 당시 나라 곳간에는 정부미가 가득 쌓여있어 정부에서는 어떻게든 빨리 소진하고자 골머리를 앓고 있었습니다. 이때 강태순 회장은 '술'로 이 문제를 풀어냅니다. 정부미를 대량으로 저렴하게 매입해서 청주의 원주原酒를 만들었고, 이걸 저렴하게 일본의 사케 양조장에 판매한 것이죠. 이로써 강 회장은 정부의 어려움도 해결해 주면서, 동시에 일본의 사케 업계 관계자들과도 친분을 쌓을 수 있었습니다.

슈타인도르프의 전경. 압도적인 규모에 입이 떡 벌어진다

그리고 이즈음 강 회장이 주목한 건 일본의 주세법이었습니다. 그동안 연중 2천킬로리터의 맥주를 생산할 수 있는 곳에만 맥주 제조면허를 부여했던 일본은, 1994년부터 단 60킬로리터만 생산해도 자격을 주는 것으로 법을 개정했습니다. 허들을 완전히 낮춘 것이죠. 일본에 곧 크래프트 맥주의 시대가 올 것을 예감한 강 회장은 여러 사케 양조장에 맥주를 만들어보는 게 어떨지 제안했습니다. 그 말을 들은 사케 양조장들은 어떻게 됐냐고요? 많은 양조장이 성공적으로 크래프트 맥주 시장에 안착했습니다.

곧 한국 주세법에도 큰 변화가 있을 거라 생각한 강 회장은 이들에게 약속을 하나 받아둡니다. 언젠가 자신이 은퇴하고 맥주를 만드는 날이 오면, 그때 꼭 도와달라고. 이 약속은 지금의 슈타인도르프를 있게 한 큰 자산이 됩니다.

시간이 흘러 2002년 한국에서도 주세법이 개정되며 소규모 크래프트 브루어리가 탄생할 수 있는 환경이 만들어졌고, 2014년에는 다시 한번 개정을 통해 크래프트 맥주를 양조장 밖에서도 유통할 수 있게 되었습니다. 그 시기 두산그룹 부회장으로 직장 생활을 마무리하고 그동안 꿈꾸었던 맥주 시장으로 뛰어든 강 회장은 약 2년의 준비기간을 거쳐 2016년, 그의 가치관이 듬뿍 담긴 슈타인도르프의 문을 열었습니다.

슈타인도르프에는 강태순 회장의 두 가지 가치관이 담겨 있습니다.

첫 번째는 '기본에 충실한 맥주를 만들자는 것'. 오랜 직장 생활을 하면서 그는 여러 제품이 새롭게 탄생하고 사라지는 현실을 수없이 봐 왔습니다. 결국 오랫동안 살아남는 건 기본에 충실한 제품이었습니다. 이런 생각은 자연스럽게 '독일 맥주'에 대한 관심으로 이어졌습니다. 동네마다 전승돼 내려오는 양조법을 아직까지 지키며 맥주를 만드는 나라. 그리고 그런 동네의 맥주들이 한데 모여 명실상부 최고의 맥주 강국으로 여겨지는 나라. 독일이야말로 탄탄한 기본기를 바탕으로 오랫동안 사랑받는 맥주를 만드는 나라라고 생각했고, 자신도 그런 맥주를 만들겠다 결심했습니다.

이곳의 대표 메뉴가 알트비어 스타일의 프로토인 것도 이 때문입니다. 뒤셀도르프를 대표하는 정통 맥주인 알트비어는 영어로 'Old Beer'라고 생각하면 이해가 빠를 것 같습니다. 독일의 옛날 스타일 맥주라는 뜻이죠. 강 회장은 알트비어가 맥주의 원형, '프로토타입'에 가깝다는 생각에 맥주 이름을 '프로토'라고 지었습니다. 이 프로토를 한 잔 느긋하게 마시면, 어쩐지 포마드 바르고 맞춤

슈타인도르프의 대표 맥주인 프로토. 한국에선 좀처럼 만나기 어려운 알트비어 스타일

정장 쫙 빼입은 멋진 독일 중년이 떠오릅니다. 달콤한 캐러멜, 갓 구운 빵, 견과류의 캐릭터가 느껴지는 몰트에서는 두툼하고 선 굵은 분위기가 느껴지고, 뒤이어 잔잔한 풀 향기와 꽃향기를 품은 홉에서는 섹시함이 느껴집니다. 여기에 살짝 쌉쌀한 뒷맛까지 음미하면 중후한 매력의 프로토에 빠질 수밖에 없죠.

물론 슈타인도르프에서는 프로토 외에도 다양한 독일 맥주를 즐길 수 있습니다. 옥토버페스트를 상징하는 맥주인 메르첸Märzen은 특유의 달콤하고 편안한 맛이 있어 제가 슈타인도르프에 초대하는 지인들에게 가장 먼저 권하는 첫 잔입니다. 헤페바이젠Hefeweizen 이야기도 안 하고 넘어갈 수가 없겠네요. 바이젠 효모 특유의 바나나 향이 훈훈한 자극을 주는 이 헤페바이젠은 독일 본토에서 건너온 맥주들과 견주어도 전혀 부족함이 없습니다. 오히려 신선함이란 무기를 갖추었으니, 한국에서는 독일 것보다 더 맛있는 바이젠일 수도 있습니다. 이렇게 독일의 맛을 그대로 재현한 메르첸, 헤페바이젠, 그리고 프로토에 뜨거운 슈바인스학세, 소시지를 곁들이면 마치 독일 여행 중 멋진 비어홀에 들른 것 같은 착각마저 듭니다.

슈타인도르프에서 만들어지는 대부분의 맥주들은 기본에 충실하되 강조하고 싶은 부분에만 살짝 힘을 주는 정도로, 최대한 그 스타일의 기본에 집중합니다. 아, 위에서 잠깐 말씀드렸던 일본의 크래프트 맥주 양조장을 기억하시나요? 그 양조장들은 슈타인도르프가 기본에 충

슈타인도르프가 자랑하는 슈바인스학세. 맥주와의 궁합이 훌륭하다

실한 맥주를 만들 수 있는 장비를 전해주었습니다. 지난 20년간의 노하우, 기술로 은혜를 갚은 셈입니다. 기본에 충실하고자 하는 가치관과, 20년의 노하우가 담긴 장비가 만나 만들어낸 정통 독일 맥주. 이것이 슈타인도르프에서 맥덕이 되지 않는 게 더 힘든 이유입니다.

강 회장의 두 번째 가치관은 맥주를 그저 단순한 술이 아니라, '멋과 맛을 즐기는 문화'로 보는 것입니다. 그저 취하기 위해 마시는 술로서의 맥주가 아니라, 좋은 사람들과 함께 즐거운 시간을 보내는 문화 콘텐츠 중 하나로 바라보는 것이죠. 사실 방이동 한복판에 이렇게

슈타인도르프의 널찍하고 고급스러운 내부 모습. 멋과 맛을 즐기기에 안성맞춤인 공간이다

나 근사한 양조장 겸 펍을 마련한 것도 이 때문입니다. 지역 주민, 직장인, 관광객 누구나 쉽게 들를 수 있는 방이동이야말로 그의 가치관을 펼칠 최적의 장소니까요.

그리고 이제 방이동 밖에서도 이 문화를 만끽할 수 있도록 또 다른 계획을 진행하고 있습니다. 슈타인도르프의 신선한 맥주를 다른 매장, 식당에서도 마실 수 있도록 케그 디스펜서 냉장고를 개발한 것을 시작으로, 가정에서도 즐길 수 있도록 홈 비어텐더를 유통할 계획도 갖고 있습니다. 캔맥주 유통을 준비 중인 것도 물론이고요. 언제 어디서나 사랑하는 사람들과 함께 맛있는 슈타인도르프 맥주를 즐길 수 있게 될 날이 어서 왔으면 하는 기대를 벌써부터 하게 됩니다.

사실 우리가 좋아하는 건 맥주 그 자체의 맛이기도 하지만, 마시는 그 순간을 둘러싼 환경이기도 하다는 생각이 듭니다. 함께 웃고 떠드

갓 만든 맥주를 테이크아웃 할 수 있는 점도 포인트다!

는 사람들, 우리가 앉아있는 근사한 장소, 잔잔한 음악과 맛있는 음식들. 모든 요소가 주는 즐거움을 통쳐서 그저 맥주가 즐겁다고 착각하는 걸지도 모르죠. 그리고 슈타인도르프는 그 즐거움을 가장 쉽게, 잘 느낄 수 있는 곳이라고 감히 말씀드리고 싶습니다. 그 즐거움에 걸맞은 맥주가 가득한 건 당연히 기본이고요.

오늘 사랑하는 사람들과 롯데월드도 가고, 석촌 호수도 가며 시간을 보낼 계획이라면 '석촌 맥주'에 들러보시는 건 어떨까요? 참고로 슈타인도르프의 뜻이 석石, Stein + 촌村, Dorf입니다. 슈타인도르프, 석촌 맥주에서 깨알 독일어 지식(?)도 뽐내시며 멋과 맛을 즐기는 하루가 되시길!

- **브랜드명**: 슈타인도르프
- **브루어리명**: 슈타인도르프
- **설립 연도**: 2016년
- **형태**: □ 브루어리 ■ 브루펍 □ 직영펍 □ 계약 양조
- **특징**: 새로운 맥주 문화의 맛과 멋을 경험하는 멋진 브루펍
- **주요 맥주 및 스타일**: 프로토(알트비어), 메르첸, 스타우트
- **주소**: (브루펍)서울 송파구 오금로15길 11
- **인스타그램**: Steindorf_brau

구한말 정동에서 마시는 맥주 한 잔

- 독립맥주공장 -

여러분은 시대극을 좋아하시나요? 저는 딱히 좋아하는 편은 아니지만 그래도 구한말을 배경으로 한 시대극에는 제법 흥미가 있는 편입니다. 여러분 중에서도 저처럼 유독 구한말 시대극에 알 수 없는 이끌림을 느끼는 분들이 많이 계실 겁니다. 잠깐 인터넷에 검색만 해봐도 저와 비슷한 사람들을 쉽게 찾을 수 있으니까요. 문득 궁금합니다. 왜 이 시대의 드라마, 영화에 끌리는 분이 많은 걸까요? 어떤 매력이 있는 걸까요?

몇 가지 이유를 생각해 보면 한국, 중국, 일본만 등장하던 먼 옛날(?) 이야기와는 다르게 영길리, 아라사, 불란서 등 등장 국가가 다양하다는 점이 매력일 수 있습니다. 또 근현대사 공부를 열심히 한 내가 과거로 돌아가 주인공이 된다면 어떤 선택을 했을지, 그리고 이웃 나라에 침탈당하지 않을 방법은 없었을지 상상해 보는 재미도 큽니다. 하지만 다른 시대극에는 없고, 오직 구한말 시대극에만 있는 최고의 매력은 뭐니 뭐니 해도 그 배경이 됐던 공간이 아직도 우리 곁에 많이 남아있다는 사실입니다. 주인공이 거닐었던 장소, 역사의 한 페이지를 장식했던 장소가 그 당시 모습 그대로 남아있는 경우가 많죠. 실존 인물을 모티브로 한 작품을 좋아한다면, 주인공이 사진 찍힌 장소에 실제 방문해 보는 '성지 순례' 관광도 가능할 정도입니다.

그런 의미에서 '정동'은 저, 그리고 저와 비슷한 분들에게 특별한 관광 명소가 되어줄 수 있습니다. 그저 정동 거리를 거니는 것만으로도 수많은 역사의 현장을 두 눈으로 보며 느낄 수 있으니까요. 아관파천으로 유명한 러시아 공사관 일부가 아직도 제자리에 있는 것을 비롯해, '고종의 길'이라고 하여 고종이 실제 덕수궁과 러시아 공사관 사이를 오갔을 것으로 추측되는 길도 보존돼 있습니다. 고종이 머물렀던 덕수궁(경운궁)과 덕수궁 돌담길은 말할 필요도 없죠. 그 밖에도 수많은 역사적 인물이 묵었던 손탁호텔 터, 을사늑약이 이뤄졌던 중명전 등 셀 수 없이 많은 장소가 보존돼 있습니다.

그리고 이런 즐거운 여행길에 맥주가 빠질 수 없겠죠. 금강산도 맥후경! 강북삼성병원에서 덕수궁 돌담길로 진입하는 초입에 이 멋진 정동의 분위기를 한껏 더해줄 멋진 브루펍이 한 곳 있습니다. 이름하여 '독립맥주공장'! 매장 안으로 한 걸음 내딛는 순간, 마치 타임머신을 타고 구한말 정동으로 시간 이동을 한 듯한 느낌을 주는 곳입니다.

예스러운 소품이 가득한 독립맥주공장

독립맥주공장에 들어서면 옛 느낌 물씬 풍기는 인테리어와 소품들이 가장 먼저 눈길을 끕니다. 지금의 모습과는 살짝 다른 옛날 태극기가 멋지게 걸려있기도 하고, 나무로 된 맥주 통(?)이 차곡차곡 진열돼 있기도 합니다. 그리고 무척 오래돼 보이는 나무 테이블, 매장 곳곳에 한자로 반듯하게 적힌 독립맥주공장獨立麥酒工場 글씨, '대한사람 정동에 물들다'와 '맥주 구락부' 등 어쩐지 예스러운 문구가 적힌 나무 간판까지 더해지니 구한말 맥줏집에 방문한 듯한 착각을 불러일으킵니다.

'내가 백 년 전에 태어났다면 이런 곳에서 맥주를 마셨으려나?'라는 즐거운 상상을 하며 메뉴판을 살펴보면, 이번에는 맥주의 이름이 묘한 느낌을 줍니다. 영길리 에일, 정동다반사, 오얏꽃의 꿈 등 구한말 시대극 마니아의 호기심을 자극하는 맥주의 이름들. 아직 맥주는 마시지도 않고 이름만 봤을 뿐인데도 벌써 가슴이 벅차오르는 묘한 느낌을 받습니다.

대충 살펴봐도 이 공간을 만든 사람은 보통이 아닌 것 같습니다. 우리랑 마찬가지로 구한말 사극을 좋아하는 사람 같기도, 정동을 정말 사랑하는 사람 같기도, 둘 다인 것 같기도 합니다. 이제 슬슬 궁금해집니다. 누가 어떻게 이런 곳을 만들었을까요?

사실 독립맥주공장이 처음부터 지금 모습의 브루펍이었던 건 아닙니다. 구한말 조선이 그랬듯 독립맥주공장도 격변하는 환경 속에서 살아남으려 발버둥 쳤고, 그 결과 지금의 모습으로 계속 변화했습니다.

독립맥주공장은 2018년경, 정동에서 오랫동안 사업을 해 온 한 사업가가 탄생시켰습니다. 정동의 문화를 누구보다 잘 이해한다고 자부해 온 그는 본인이 생각하는 정동의 이미지를 바탕으로 독립맥주공장을 열었습니다. 독립맥주공장의 공간 콘셉트는 이때 대부분 완성되었는데, 옛 학교의 바닥을 뜯어 테이블을 만들기도 하고, 레트로 감성의 소품을 직접 만들기도 했습니다. 하지만 단순히 공간의 완성으로는 급변하는 시장의 상황, 그리고 코로나의 습격을 이겨내기는 어려웠습니다. 공간에 영혼을 불어넣어 줄, 공간만큼 정동을 대표할 수 있는 맥주가 필요했습니다. 단순히 맥주를 판매하는 곳도 아니고 브루펍인 만큼 맥주가 가장 중요했던 거죠. 이후 몇 년간 대표가 바뀌기도 하는 어려운 시기를 지나 한국맥주문화협회의 윤한샘 회장이 독립맥주공장의 대표를 맡게 되었습니다. 정동의 문화를 가장 잘 아는 사람이 세운 공간, 그리고 맥주와 문화의 관계를 가장 잘 이해하는 사람이 빚은 맥주가 만났달까요? 이 멋진 만남으로 독립맥주공장은 지금의 모습으로 조금씩 변했고, 현재는 정동을 대표하는 브루펍이자 문화 공간으로 자리 잡았습니다.

윤한샘 대표는 독립맥주공장에 자신의 생각 두 가지를 담았습니다. 첫째는 이곳에 방문하는 모든 사람이 현실을 잊고 독립맥주공장의 판타지에 빠졌으면…. 하는 바람입니다. 우리가 자주 방문하는 맥줏집과 마찬가지로 독립맥주공장의 주요 고객도 역시 퇴근길 직장인입니다. 오전부터 오후까지 사람에 치이고, 업무에 깔리고, 실적에 눌려온

독립맥주공장에서 가장 눈에 띄는 태극기, 마치 구한말 맥줏집에 온 듯한 착각을 불러일으킨다

불쌍한 우리 직장인들. 윤한샘 대표는 이들에게 현실과 완전히 분리된 판타지를 느끼게 해주고 싶었습니다. 바깥세상에서는 볼 수 없는 오래된 물건들과 독특한 분위기, 몸을 노곤하게 만드는 음악과 조명, 그리고 내가 살고 있는 시대를 잊게 만드는 맥주의 이름들까지. 이런 요소들로 고객이 매장에 한 걸음 들어오자마자 바깥세상과는 완전히 단절된 판타지 세상에 들어온 것 같은 착각을 주고 싶었습니다. 이곳에서만큼은 자신을 억누르는 모든 것들을 잊어버리고 편하게 쉬었다 갈 수 있게 말이죠. 그래서인지 독립맥주공장에서 넥타이 풀어 헤치고 맥주를 마시는 직장인들은 모두, 이 판타지 세계에서 오랜만에 맘 편히 웃고 떠들다 가는 것처럼 보입니다. 개인적으로는 이렇게 맥주를 마시고

난 뒤, 가게를 나와 덕수궁 돌담길을 한 바퀴 쭉 도는 것을 좋아합니다. 그때의 후련함이란… 무엇과도 비교할 수 없는 감정입니다.

그리고 두 번째로 독립맥주공장에는 방문자의 기대에 부응해야 한다는 다짐도 담겨 있습니다. 사실 우리(?) 같은 마니아들에게도 한 잔에 7천 원, 8천 원씩 하는 맥주는 지갑 사정에 부담이 됩니다. 우리도 그런데 크래프트 맥주에 깊은 관심까지는 없는 일반 소비자에게는 아마 더 큰 부담이 될 것입니다. 초심자들에게는 심지어 생소하기까지 한 맛과 향도 걸림돌입니다. 즉 크래프트 맥주는 일반 소비자에게 굉장히 비싸고 리스크가 큰 술이라 할 수 있습니다. 그렇기에 윤한샘 대표는 독립맥주공장에 방문하는 대부분의 손님들은 이곳에 엄청난 시간 투자를 하고, 기대를 안고 오시는 거라고 말합니다. 이곳에서 어떤 맥주를 파는지, 기꺼이 지불할 만한 가격인지, 매장의 분위기는 어떤지 등을 인터넷과 SNS로 미리 분석한 뒤 '각 잡고' 오는 분들이라고 말입니다. 그래서 그는 이 기대에 부응하기 위해 독립맥주공장의 모든 요소에 신경 쓰고 있습니다. 손님들이 소비한 시간과 노력이 아깝지 않도록 말입니다. 앞서 말한 '판타지'가 독립맥주공장에서 중요한 요소인 것도 같은 이유이지 않을까 싶습니다.

이렇게 보면 이곳에서 맥주는 단독 주연이 아닌 것처럼 보입니다. 엄연히 갓 만든 맥주를 판매하는 브루펍인데도 맥주가 매장을 방문하는 손님에게 만족감을 선물하는 여러 요소 중 하나one of them처럼 느껴집니다. 하지만 놀랍게도 맥주의 이런 가벼운 존재감은 윤한샘 대표가 의도한 것입니다. 윤한샘 대표는 다소 극단적이지만 현실적인 이야기를 들려줍니다.

“손님분들은 맥주 때문에 이곳에 오는 것이 아닙니다. 이곳에서 즐거운 시간을 보내고, 행복감을 느끼기 위해서 오는 것이죠. 그래서 이곳의 맥주가 어디서 무슨 상을 탔고, 어떤 부재료가 들어갔고, 어떤 스타일인지는 중요하지 않습니다.”

그래서 독립맥주공장의 맥주들은 다른 인테리어 소품들처럼 이곳의 독특한 분위기, 판타지를 강조하는 수단으로서의 역할을 충실히 수행하고 있습니다. ‘작은 소녀상’, ‘오얏꽃의 꿈’, ‘유관순 빨래터’ 등

(좌측) 청량함과 홉 향기를 모두 살린 정동 라거 (우측) 홉의 열대과일 향이 입안에서 폭발하는 정동다반사

정동 느낌 물씬 풍기는 맥주들은 이름만으로도 호기심을 자극하기에 충분합니다. 만약 정동 IPA, 덕수궁 스타우트 같은 이름이었으면 상상하는 재미가 전혀 없었을 텐데, 어쩐지 이야기가 담겨 있을 것 같은 독특한 이름들은 맥주를 고르는 순간부터 재미를 줍니다. 또 맥주의 이름에 맥주의 스타일이 담기지 않은 것도 특징입니다. '이화 1886'이라는 이름을 보면 어떤 스타일일지 전혀 감이 안 잡힙니다. 다른 맥주들도 마찬가지입니다. 물론 메뉴판의 상세 설명에 쓰여있지만, 그냥 이름만 보고 주문한 뒤 어떤 맥주가 나올지 상상하는 재미도 굉장히 큽니다. 그리고 맥주가 서빙됐을 때 왜 이런 이름이 붙었을지, 맥주의 이름과 맛이 잘 어울리는지 혼자 골똘히 생각하며 마시는 재미도 느껴볼 수 있습니다.

그렇다고 이곳의 맥주가 이름만 특이할 뿐이라는 건 결코 아닙니다. 맥주 스타일의 기본에 충실하고 누구나 거부감 없이 쉽게 마실 수 있는 좋은 맛을 지니고 있는 게 독립맥주공장의 맥주입니다. 개인적으로는 청량한 라거의 느낌은 그대로 살리면서, 홉의 화사한 향을 강조한 '정동 라거'를 가장 추천해 드리고 싶습니다. 그리고 홉의 열대과일 향이 폭발하는 뉴 잉글랜드 IPA New England IPA인 '정동다반사'도 꼭 마셔보시길 추천합니다.

독립맥주공장의 행보는 그동안 흔히 만나왔던 브루어리들과는 사뭇 다른 느낌으로 다가옵니다. 다수의 브루어리가 '우리가 잘 만드는 맥주'를 전면에 내세우고 홍보하는 것과는 달리, 이곳은 방문하는 고객들의 시선과 경험에 초점을 맞추고 있으니 말입니다. 이런 차이점은 독립맥주공장의 윤한샘 대표가 한국맥주문화협회의 회장으로서 맥주를 그저 단순한 술로 인식하기보다는, 사회와 서로 얽혀 성장하는 하나의 '문화'로 바라보기 때문일 것입니다.

문화는 콘텐츠를 만드는 쪽이나, 즐기는 쪽 어느 한쪽의 의도대로 흘러가지 않습니다. 양쪽이 서로 지속적으로 영향을 주고받으며 만들어가는 무형의 결과물입니다. 케이팝도 한식도, 한국 드라마도 모두 한 쪽의 일방적인 강요(?)로 발전하진 않았습니다. 처음에는 창작자의 의도가 잔뜩 반영된 결과물이 넘쳐 났을 것이고, 그중 소비자가 바라는 바를 충족시키는 작품만 살아남게 됐을 것입니다. 수년간 이런 과정을 반복하며 주류Mainstream가 형성되기도 하고, 다양성도 갖추면서 거대한 문화로 자리 잡게 됐습니다.

맥주도 다르지 않습니다. 한국에서 본격적으로 크래프트 맥주가 유통되기 시작한 지도 벌써 10년이 지났습니다. 서로 유사한 경험과 문화를 공유하는 한국인들은 이 짧은 시간 동안 창작자로서, 혹은 소비자로서 서로 알게 모르게 한국만의 크래프트 맥주 문화를 만들고 있습니다. 솔직히 말해서 아직은 활짝 꽃 피웠다고는 못 하겠지만, 조금씩 토대를 다지고 뿌리를 내리고 있습니다. 그래서 윤한샘 대표는 무작정 자신이 만들고 싶은 맥주를 만들기보다는 '현재의 한국 크래프트 맥주'라는 무대에서 관객들이 원하는 맥주가 무엇인지를 파악하

소비자가 원하는 맥주, 독립맥주공장이 만들려는 맥주가 만들어지고 있는 독립맥주공장의 발효조

고, 그런 맥주를 만들기 위해 힘쓰고 있습니다. 다른 문화와 마찬가지로 맥주도 같이 만들어가는 문화니까요.

그럼 현재 한국에서 크래프트 맥주 문화를 만들어가고 있는 사람들은 누구일까요? 윤한샘 대표는 '본인의 취향을 정확하게 아는 사람들', 혹은 '본인의 취향을 알고 싶어 하는 사람들'이라고 답합니다. 돈 많고 나이 지긋한 중년도, 톡톡 튀는 개성으로 무장한 MZ세대도, 파이어족을 꿈꾸는 청년들도 아닙니다. 내 취향이 무엇인지에 관심을 갖고 새로움에 기꺼이 도전하는 사람입니다. 사실 내 취향을 안다는 건 내 인생에 색깔이 하나 더 늘어나는 게 아닐까 생각합니다. 내가 나를 표현할 수 있는 한 가지 색깔이 더 늘어나기도, 다른 색과 섞어 또 새로운 색을 만들 수도 있으니까요. 그래서 윤한샘 대표는 웃으며 이야기합니다.

"요즘은 내 취향을 맘껏 드러내는 시대잖아요? 꼭 크래프트 맥주를 드셔보시라는 말은 아니지만, 내 취향의 맥주가 있을 수도 있으니까 한 번쯤 도전해 보시면 좋을 것 같네요!"

윤한샘 대표와의 이야기 막바지에 갑자기 궁금한 점이 생겼습니다. 언젠가 독립맥주공장에서 꼭 만들고 싶은 맥주, 그러니까 본인이 가장 좋아하는 맥주는 어떤 것인지에 대해서요. 돌아온 그의 대답은 위스키 배럴에서 장기간 숙성한 맥주, 배럴 에이지드 맥주Barrel Aged Beer였습니다. 그는 배럴 에이지드 맥주를 투쟁의 산물이라 불렀습니다. 위스키처럼 강한 도수의 술이 머무르던 배럴 안에서 살아남기 위해선 맥주 자체가 높은 도수, 체급을 지녀야 합니다. 그리고 오랜 시간 동안 버티며 배럴의 향도 품을 수 있어야 하고, 배럴의 틈으로 산소가 들락날락하며 가져온 무수한 균, 효모와 싸우고, 손도 잡으며 독특한 향도 만들어야 합니다. 인간이 통제할 수 있는 요소가 적은, 오롯이 맥주를 믿고 투쟁에서 이기기를 기다려야 하는 맥주입니다.

문득 이런 생각이 들었습니다. 배럴 에이지드 맥주 자체가 한국의 크래프트 맥주를 꼭 닮았다고. 이미 소주, 대기업 맥주, 위스키, 와인,

리큐르 등 강력한 대체재가 가득한 상황에서 그들과 싸우든 손잡든 버텨야 한다는 점, 그리고 수입 크래프트 맥주, 주류 관련법 등 유동적인 외부 상황에 적응하며 살아남아야 한다는 점이 너무 닮았습니다. 그리고 모든 걸 버텨내면 예상하지 못했던 아주 개성 있는, 훌륭한 무언가가 될 거라는 점까지요.

5년 뒤, 10년 뒤 한국의 크래프트 맥주는 어떤 모습을 하고 있을까요? 분명 멋지게 모든 어려움을 버텨내고 세계 어디서도 볼 수 없는 독특한 개성을 지닌 모습이겠죠? 그리고 그 과정에 우리 맥주를 사랑하는 사람들과 독립맥주공장도 톡톡히 제 역할을 하고 있을 겁니다. 아직 내가 어떤 역할을 할 수 있을지 모르시겠다고요? 그렇다면 일단

대한사람 정동에 물들다

정동을 품은 독립맥주공장에서 특별한 판타지를 만끽하시며 '내 취향'을 찾는 일부터 시작하시죠!

- **브랜드명**: 독립맥주공장
- **브루어리명**: 한국맥주(주)
- **설립 연도**: 2018년
- **형태**: □ 브루어리 ■ 브루펍 □ 직영펍 □ 계약 양조
- **특징**: 정동을 담은, 정동을 닮은 맥주를 만드는 브루펍
- **주요 맥주 및 스타일**: 정동 라거(필스너), 정동다반사(뉴잉글랜드 IPA), 이화1886(위트에일)
- **주소**: (브루펍)서울 중구 정동길 17 이화정동빌딩 1F 104호
- **인스타그램**: indie_beer_factory

소맥 탈 때 제일 맛있는 맥주를 만들겠다며 독일로 떠난 사람이 만든 맥주

- 베베양조 -

'맥주를 만드는 사람들은 평소에 어떤 술을 마실까?' 이 책을 읽고 계시는 여러분도 한 번쯤 생각해 본 적 있는 호기심일 겁니다. 당연히 맥주를 업으로 삼은 사람이라 억지로라도 매일 마시지 않을까요? 아니면 오히려 일이 되어버려서 평소에는 다른 술을 마실까요? 다행히도(?) 제가 만났던 맥주 만드는 사람 중 대다수는 평상시에도 맥주를 마시는 걸로 판명됐습니다. 그리고 일부, 정말 일부의 사람들은 맥주 외에 다른 술도 즐겨 마신다고 소신발언(?!)을 하기도 했습니다. 그 소수의 인원 중 한 명이 바로 '베베양조'의 배일상 대표입니다. 책에 쓸 인터뷰를 한다는 핑계로 몇 차례 만나 저녁을 함께할 때면, 물론 맥주도 마시긴 했지만, 소주도 항상 빠지지 않았습니다.

만약 제가 베베양조의 맥주를 마셔본 적이 없었다면, 소주를 좋아하는 그의 모습에 살짝 배신감이 들었을지도 모릅니다. 하지만 이미 베베양조에 푹 빠져있는 저에게는 오히려 베베양조 맥주의 이미지가 더 명확해지는 계기가 됐습니다. 베베양조의 맥주는 훌륭한 균형감을 바탕으로 어느 음식, 어느 장소에나 잘 어울리는 맥주라고 생각해왔습니다. 그리고 그가 좋아하는 소주도 먹음직스러운 음식이 올라간 곳이라면 어디에서나 팔방미인으로 통하는 술이죠. 그렇습니다. 그의 취향이 은연중에 맥주에도 스며들어 있었던 것입니다. 그럼 이제 더 궁금해집니다. 소주를 이렇게나 좋아하는 그가 어떻게 맥주를 만들게 되었고, 베베양조가 만들고자 하는 맥주란 무엇일까요?

배일상 대표를 맥주의 세계로 인도한 맥주 장비들, 이제는 이 장비들로 맥주를 만들고 있다

우연히 맛본 어떤 맥주에 푹 빠져 결국 맥주를 만들게까지 된 대부분의 브루어들과는 달리, 배일상 대표는 맥주 만드는 '설비' 때문에 맥주를 만들게 됐습니다. 이제 막 한국에서 크래프트 맥주 붐이 일어나던 시기, 외국에서 맥주 관련 설비를 수입하고 싶었던 그는 일단 맥주를 어떻게 만드는지부터 빠삭하게 알아야겠다고 판단해 해외 유학을 떠났습니다. 주변 사람들에게는 이렇게 이야기했다고 합니다. "소맥 탈 때 제일 맛있는 맥주 만들고 올게!" 그런데 그가 향한 곳은 독일의 VLB BerlinVersuchs- und Lehranstalt für Brauerei in Berlin, 베를린 공대 산하의 맥주 전문 교육 기관이었습니다. 뭔가 이상하죠? 맥주순수령을 엄격히 준수하며 맥주에 대한 자부심이 대단한 독일. 그중에서도 VLB Berlin은 맥주를 전문적으로 연구하고 교육하는 학술기관이기 때문에 그 엄격함은 훨씬 강했을 것입니다. 그러다 보니 소주를 타 먹기 위한 맥주는 만들 시도조차 하지 못했지만, 대신 독일의 정통 맥주 기술을 제대로 배울 수 있었다고 합니다.

이후 스페인 마드리드의 라 시벨레스 브루어리La Cibeles Brewery, 톨레도의 도무스 브루어리Domus Brewery에서 견습생 생활까지 마친 배일상 대표는 귀국을 앞두고 계획을 바꾸게 됩니다. 처음 맥주 공부를 시작한 이유는 맥주 설비 때문이었지만, 맥주를 직접 만들고, 여러 사람과 함께 즐기다 보니 맥주 자체에 빠져버렸거든요. 결국 한국에 돌아가서도 지금처럼 누구에게나 즐거움을 주는 맥주를 만들어야겠다고 결심하게 됩니다. 소맥 탈 때 제일 맛있는 맥주는 만들어오지 못했지만, 소맥

보다 더 즐겁게 마실 수 있는 맥주를 만들 수 있다는 자신감이 그의 계획을 바꾼 셈입니다.

베베양조는 그렇게 2015년 선정릉 둘레길에서 시작했습니다. 독일과 스페인에서 경험한 맥주는, 단순히 취하기 위해 마시는 술이 아닌 즐거움을 주는 음료였고, 펍이라는 공간은 소통과 화합의 장으로서 즐거움 가득한 공간이었습니다. 이런 경험에 따라 직장인이 가장 즐거울 수 있고, 진솔한 소통을 나눌 수 있는 시공간인 '퇴근길' 길목에 첫 매장을 열었습니다. 배일상 대표는 이 시절을 이렇게 회상합니다.

"내가 만든 맥주를 맛있게 마시는 사람이 있다는 게 너무 신기했어요. 그리고 심지어 취하기까지 하는 걸 보니 정말 뿌듯하고 재밌더라고요!"

현재는 경기도 광주에 위치한 양조장에서 고품질의 맥주에 집중하고 있다

그가 생각했던 '언제 어디서나 잘 어울리는 맥주'는 다행히 인근 직장인들에게 잘 먹혀들었고, 덕분에 굉장히 바쁜 나날을 보내게 됐다고 합니다. 하지만 당시 그에게 고민이 하나 있었으니, 매장 운영과 접객에 너무 신경을 쓰는 나머지 맥주에는 상대적으로 소홀해질 수밖에 없었다는 점입니다. 자신이 만든 맥주를 사랑해 주는 사람들이 생기고, 자주 찾고 즐겨 마시는 사람이 늘어가니 맥주에 대한 책임감이 커졌달까요? 때문에 이후 매장 문을 닫기로 결정하였고, 아쉽게도 현재까지도 베베양조 직영 펍은 없는 상태입니다. 아무렴 어떻습니까? 직영 펍은 없을지라도 좀 더 맥주에 집중하고 있는 베베양조의 맥주를 다른 곳에서 얼마든지 마실 수 있는걸요. 베베양조 맥주를 만날 수 있는 장소는 베베양조 공식 홈페이지에서 바로 확인할 수 있으니, 혹시 내 생활 반경 주변에 들를 수 있는 곳이 있는지 알아보고 즐겨보시면 좋을 것 같습니다.

앞서 설명했듯 베베양조는 탄탄한 기본기를 바탕으로 언제 어디서나, 누가 마셔도 즐거운 맥주를 만들고자 노력하고 있습니다. 가장 대표적인 맥주는 '남한산성 골든 에일'입니다. 흔히 골든 에일이라고 하면 하와이 불세출의 브루어리, '코나 브루잉 컴퍼니'의 '빅웨이브'를 떠올리는 분들이 많습니다. 남한산성 골든 에일은 그 빅웨이브보다 좀 더 맥아 캐릭터가 짙은, 달콤함이 조금 더 강조된 맥주입니다. 다소 홉 지향적일 수 있는 골든 에일에 몰티Malty함을 더해 달콤하면서도 시트러스 향 풍부하고, 쌉쌀한 뒷맛까지 느껴지는 훌륭한 밸런스를 보여줍니다. 다양한 향과 적절한 균형감 덕분에 특히 피자, 타코 등 자극적인 음식과 페어링할 때 최고의 퍼포먼스를 보여줍니다.

또 하나의 대표 맥주는 '영동 고제'입니다. 고제Gose는 독일의 고슬라Goslar 지방에서 탄생한 맥주로 최근 한국 크래프트 맥주 무대에서 큰 사랑을 받는 스타일입니다. 아마 고제를 처음 접하는 분들께서는 '무슨 맥주가 이래?'라며 놀랄 수도 있겠습니다. 무척 짜고 신 맥주니까요. 영동 고제는 그런 고제를 완전히 베베양조 식으로 재해석한 맥주입니다. 천일염을 넣어 짠맛을 내고 고수 씨앗을 넣어 캔디바를 닮은 소다 향을 맥주에 입혔습니다. 그리고 유산균 발효로 약간의 신맛까지 부여했습니다. 여기에 베베양조 특유의 밸런스 지향적인 면모를 살려 맥아 자체의 맛까지도 무척 잘 표현해냈습니다. 개인적으로 제가 마셔본 고제 중에서 가장 마시기 편하고, 또 맥주 본연에 충실한 고제였다고 생각합니다.

마지막으로 소개해 드릴 맥주는 제가 가장 사랑하는 맥주, '정릉 IPA'입니다. 정릉 IPA는 초창기의 미국 웨스트 코스트 IPA를 좋아하는 사람들의 취향을 완벽히 저격한 맥주라고 할 수 있습니다. 정릉 IPA를 마셔보면 가볍게 내려앉은 솔 향을 시작으로 상쾌한 시트러스, 기분 좋은 풀냄새로 이어지며 마지막에는 제법 묵직하게 달콤한 맥아까지 느낄 수 있습니다. 수많은 IPA 중 정릉 IPA만의 개성을 설명해보라고 하면 선뜻 대답하기는 쉽지 않습니다. 하지만 우리가 흔히 생

(좌측) 훌륭한 균형감을 보여주는 남한산성 골든 에일, (우측) 마시기 편하고, 맥주 본연에 충실한 영동 고제

각하는 정통 웨스트 코스트 IPA의 모든 포인트를 갖춘 맥주라고 자신 있게 이야기할 수 있습니다. 모든 요소를 옹골차게 갖춘, 완벽하게 균형을 이루는 맥주이자 무결점 IPA라 칭하고 싶을 정도입니다.

누군가는 의문을 가질 수도 있겠습니다. 요즘은 양조장의 개성이 팍팍 드러나야 주목받는 시대인데, 왜 좀 더 자극적인 맥주를 만들진 않느냐고, 그리고 왜 좀 더 유행하는 스타일의 맥주를 만들지 않느냐고요. 하지만 베베양조가 추구하는 맥주는 그런 맥주가 아닙니다. 맥주는 그저 일상에서 편하게 즐길 수 있어야 한다는 게 베베양조 구성원들의 공통된 가치관입니다. 앞서 소개한 배일상 대표는 물론이고, 전통주와 사랑에 빠졌다가 지금은 맥주와 양다리(?)를 걸치고 있는 최도영 양조팀장도 마찬가지입니다. 퇴근 후 막걸리, 맥주를 즐기며 하루를 마무리하는 그는 언제나 편하고 맛있게 마실 수 있는 맥주야말로 진짜라고 생각합니다. 베를린 공대 양조학과 출신으로 현재 베베양조에서 인턴 생활 중인 캐나다인, 알렉산더 스미스도 같은 생각입니다. 얼큰한 짬뽕에 소주 한잔 기울이는 게 한국 생활 최고의 즐거움인 그도 좋은 사람과 함께 자리할 때 다 같이 즐길 수 있는 맥주가 진짜 맥주라는 신념으로 맥주를 만들고 있습니다. 예전 반 골로 브루어리에서 경력을 쌓은 장재호 양조사 역시 같은 생각으로 베베양조와 함께하고요. 이런 공통된 가치관을 가진 사람들이 만든, 기본에 충실한 맥주라면 맛이 없을 수가 없겠다는 생각이 절로 듭니다.

사실 베베양조의 베베Beber는 스페인어로 '마시다'라는 뜻입니다. 즉 브루어리의 이름부터 뭔가 심오하고 복잡한 맥주보다는 그저 마시는 맥주, 즐기는 맥주를 추구한다고 할 수 있겠습니다. 이런 베베양조의 가치관에 저도 깊이 공감합니다. 개인적으로 특이한 맥주는 별미는 될 수 있지만, 결코 데일리 비어가 될 수는 없다고 생각합니다. 늘 즐길 수 있는 맥주는 간결하고 맛있는, 쉽고도 명확한 맥주여야 한다고 생각합니다. 그래서 베베양조 맥주들에 계속 애정이 가는 걸지도 모르겠습니다.

'앞으로 베베양조에서는 어떤 새로운 맥주가 나올까요?' 인터뷰를 핑계 삼아 개인적인 궁금증을 해소하기 위해 술자리에서 건넨 마지막 질문입니다. 처음에는 의아하기도 했지만 금세 이해되는 대답이 돌아

왔습니다. 첫 번째 답은 2024년 말 출시된 세종이었습니다.(인터뷰 당시 기준 미 출시) 베를린에서 건너온 알렉산더 스미스 양조사와 함께 양조한 맥주로, 그가 독일로 돌아가더라도 맥주에 대한 그의 열정이 한국에 그대로 남아있을 수 있도록 특별히 신경을 곤두세워 만들고 있습니다. 두 번째 맥주는 플랜더스 레드 에일Flanders Red Ale입니다. 흔히 듀체스 드 브루고뉴로 대표되는 벨기에의 맥주 스타일로 강한 신맛과 독특한 와인 향이 포인트인 스타일입니다. 세종과 플랜더스 레드 에일 모두 그동안 베베양조에서 만들어온 맥주들과는 어쩐지 결이 다른 것 같습니다. 이 맥주들은 일반 대중들에게는 다소 낯선 맥주니까요. 놀랍기도 하면서, 한편으로는 이 맥주들을 어떻게 또 기본에 충실하면서도 마시기 쉽게 만들어낼지 기대가 됩니다. 혹시 압니까? 앞으로 이 생소한 스타일의 맥주들이 베베양조 덕분에 대유행하게 될지.

제가 베베양조 맥주를 만드는 사람들도 만나고, 일상에서 즐겨 마시기도 하며 느낀 건 하나입니다. '그래! 맥주가 이래야지!' 어렵고 복잡하고 특이한 맥주가 무조건 좋은 맥주는 아닙니다. 오히려 일상에서 늘 함께할 수 있고 시간과 장소에 구애받지 않고 마실 수 있어야 좋은 맥주입니다. 혹은 내가 하루하루 느끼는 다양한 감정에 잘 어울리는 맥주가 진짜 좋은 맥주일 수도 있습니다. 베베양조 맥주가 바로 딱 그런 맥주입니다.

어떤가요? 베베양조 맥주, 우리가 즐겨 마시는 소주, 소맥과 비슷하지 않나요? 배일상 대표가 처음 독일로 떠나며 꿈꿨던 '소맥 탈 때 제일 맛있는 맥주'는 비록 만들지 못했지만, 소맥보다 더 즐겁고 유쾌한 맥주를 만든 건 확실한 것 같습니다. 그리고 이런 맥주가 널리 퍼져야 한국의 크래프트 맥주 시장도 대중적으로 성장하지 않을까라는 생각도 해봅니다. 어렵고 복잡한 맥주는 싫다! 간단하면서도 본질에 충실하고 맛있는 맥주가 좋다! 하시는 분들께는 아마 이만한 맥주들은 없을 테니까요!

- **브랜드명**: 베베양조
- **브루어리명**: 베베양조(주)
- **설립 연도**: 2015년
- **형태**: ■ 브루어리 □ 브루펍 □ 직영펍 □ 계약 양조
- **특징**: 여러 잔을 마셔도 부담이 없는 맥주를 추구
- **주요 맥주 및 스타일**: 남한산성 골든에일(골든에일), 영동 고제(고제), 정릉 IPA(IPA), 베베 바이젠(헤페바이젠)
- **주소**: (브루어리)경기도 광주시 용샘길 35-1
- **인스타그램**: bebebrewery
- **페이스북**: bebebrewery

BRIDGE _ 2

시간을 거슬러 가니, 그곳엔 그가 있었다

아쉬트리(Ashtree) - 라이트 비터 1895(Light Bitter 1895) / 풀드포크 피자

지식인이라도 된 것처럼, 책 한 권을 들고서 거리를 걷고픈 날이 있습니다. 담배 연기가 자욱한 카페에 앉아, 낡은 노트에 시를 긁적이는 가난한 이국의 젊은이가 되고 싶달까요. 어설프게나마 뼈 아픈 예술가, 시대의 지성인 흉내라도 내보고 싶지만, 상상 속의 바람일 뿐입니다. 도시의 카페들은 이미 금연 구역인 데다가, 노트와 펜보다는 태블릿이 더 흔해진 세상이거든요. 하지만 불현듯 들어버린 이 감성 이벤트를 그저 흘려보내기엔 어쩐지 좀 아쉬움이 큽니다. 딱히 방법이 없는 건 아닙니다. 이 감성에 가까운 맥주를 골라 마시며, 취기가 이끄는 환상에 그대로 걸어 들어가면 되거든요. 이를테면 아쉬트리의 라이트 비터 1895 같은 맥주와 함께 말이죠.

아쉬트리의 조현두 대표는 옛 맥주 자료들을 찾고 읽으며, 당시 양조업자들의 철학과 기술들을 가늠하고 상상해 보는 게 취미라고 하는데요. 이러한 취미를 발판으로 탐구와 연구를 지속하면서 19세기 말, 영국 맥주 업계에서 국민 음료처럼 활약했던 잊힌 맥주, 라이트 비터light bitter를 재현해 내었습니다. 이렇게 아쉬트리가 해석하고 복원해 낸 맥주에는 스타일의 이름과 시대를 관통하는 해인 1895년을 그대로 따와, 라이트 비터 1895라는 직관적인 이름이 명명되었죠. 그 옛날 영국의 일상이었을 맥주, 그 맥주가 무려 한 세기를 넘어와 다시 이어진다고 생각하니 괜히 가슴이 두근거려집니다. 누군가의 타임캡슐을 발견해 몰래 여는 것 같은 콩닥콩닥함이 느껴진달까요.

꺼낸 맥주는 잠시 테이블 위에 올려둡니다. 비터 스타일의 맥주이

바라보고 있는 것만으로도 시간의 너머로 데려다줄 것 같은 라이트 비터 1895

니만큼 비교적 미지근한 온도에서 맥주를 마시기 위함인데요. 이런 섬세한 맥주들은 차가운 상태로 그 향과 맛들을 경직시켜 마시기보다는 조금은 풀어두어야 제맛을 느낄 수 있기 때문입니다. 그러한 이유로 아쉬트리에서도 6도에 서빙되는 라이트 비터 1895를 만날 수 있는데요. 더 높은 온도에서도 아주 훌륭한 컨디션을 보여주는 맥주였던지라, 아주 천천히 마시면서 온도에 따라 변화되는 향과 맛들을 즐겨볼까 합니다.

병에서 떨어져 나온 뚜껑에서는 달콤한 흑설탕과 같은 단내, 신선한 복숭아의 향과 약간의 산미가 풍깁니다. 따라진 맥주의 컬러는 말간 시인의 눈 속을 바라보는 것만 같네요. 많은 이야기를 들려줄 것만 같은 깊고 풍성한 향들도 느낄 수 있고요. 물기를 가득 머금어 싱그럽게 느껴지는 풀 내음과 캐러멜, 혹은 미지근하게 녹아 은은하게 풍기는 설탕 내음, 역시나 복숭아 껍질에서 느껴질 법한 생생함이 모두 향이 되어 마주 섭니다. 온도가 살짝 올라 차갑지 않은 맥주를 입안에 조심조심 얌전하게 입장시켜 봅니다. 태생부터가 요란스럽거나 화려하게 입장하는 자극적인 맥주가 아닌 데다가, 또 향에서 이미 완벽한 예고를 날려준 터라 더욱 편안하게 받아들일 수 있는데요. 혀 위에서 만나는 라이트 비터 1895는 견과와 같은 고소함, 은근하게 다가오는 달콤한 맥아와 풀 같은 쌉쌀한 홉, 얼핏얼핏 보이는 과실 느낌의 효모들이 아주 부드럽고 조화롭게 녹아나 있습니다. 무엇 하나 튀지 않고 맛들이 잘 맞잡아서, 꼭 낮은 채도의 컬러들이 아름답게 마블링이 된 그림 한 편을 보는 것만 같습니다.

한 모금 마셔 비워진 잔의 공간에 맥주의 향이 스며 채워집니다. 잔에 입을 대자 코로는 향이, 입으로는 맛들이 함께 느껴집니다. 어느새 주변은 가을비가 촉촉하게 지나간, 맑은 습기가 가득 채워진 숲속입니다. 부드럽게 젖어 든 검은 흙과 낙엽들 위에 누워 한결 땅에 가까워진 코가 흙냄새를 한껏 들이마시면, 바람에 흔들리는 나뭇잎 소리와 멀리서 부옇게 작은 새소리들이 들려옵니다. 희미하게 떠오른 공기 속의 미세한 물방울들과 이끼가 가득 낀 바위, 젖어서 더욱 어두워진 나무껍질, 언뜻언뜻 작은 나무의 야생 열매들이 보입니다. 이국의 숲속에 홀로 남아 축축한 공기에 손을 뻗으면, 피니시에 살짝 걸리는 산미와 나뭇조각을 핥는 듯한 드라이함에 눈이 반짝 떠집니다. 온몸으로 만끽했던 습하고, 조용하고, 검푸르렀던 공간은 사라지고, 모든 것들은 낡은 종이 위에 채워진 검은 펜의 흔적으로 남아있습니다.

검은 흔적들은 글씨로 모이고, 글씨는 문장이 되고 문장들은 글로 엮여 종이 위를 채워갑니다. 글을 짓는 손의 주인은 빵 한 조각 살 돈을 털어 맥주 한 잔을 시켜두었고요. 눈이 깊은 젊은이가 마른 손으로 그려낸 시구절에는 방금 전 우리가 다녀온 숲이 펼쳐져 있을 겁니다. 맥주로 갈증과 허기를 채우고, 시로써 시간을 달래는 청년에게서 오만한 동질감을 느낍니다. 남몰래 그의 시를 읽고 느끼며 현대인의 감상을 이어나가다 보면 어느새 과거의 여행은 이 한 잔 속에 모두 담겨 있습니다.

남아있는 맥주를 빈 잔에 다시금 채워 마셔봅니다. 맥주는 가진 달콤함을 휘휘 내저었다가 손으로 꾹 한번 눌러 살금살금 코끝에 날려 줍니다. 강하지는 않지만, 괜히 한 번 더 코를 내밀어 보고 싶은 은근함이 있습니다. 혀의 구석구석을 이리저리 헤집으며 음미하다 보면 마치 보물찾기처럼 또 다른 조각들도 발견할 수 있는데요. 한 줌 쥐면 보드랍게 손에 묻어나는 촉촉한 검은 흙, 곱게 빻아둔 찐쌀과 볶은 견과를 섞어 손가락으로 한 번 찍어 먹어보는 듯한 고소함, 한 장 떼어 맑은 물에 적셨다 꺼낸 풀잎 같은 쌉쌀함이 조용히 드러납니다. 시간이 지나 온도가 오르고 탄산이 누그러들면 그 맛들이 훨씬 잘 느껴질 거라는 조 대표의 이야기가 무슨 말인지 알 것 같네요.

라이트 비터 1895와 마시기 위해서 구워낸 것은 풀드포크 피자입니다. 처음 라이트 비터 1895를 마셨을 때 돼지고기나 닭고기와 굉장히 잘 어울리겠다는 생각이 들었거든요. 특히나 섬세한 라이트 비터 1895는 씹는 맛이 부드러운 풀드포크와 정말 잘 어울립니다. 쫄깃하게 밀어둔 도우도 고소한 맥주의 맛과 같은 선상에 서서 함께하는 자리의 연결감을 해치지 않고요. 자칫 느끼해지기 쉬운 치즈도 맥주에 맡겨둔다면 아주 깔끔하게 정리가 되죠. 고소한 도우와 넉넉하게 올

라이트 비터 1895의 깊이감에 반짝임을 더할 풀드포크 피자

려진 풀드포크를 꼭꼭 씹어 넘기고 라이트 비터 1895를 한 모금 마시면 입안에 남아있는 고소함은 고소함 대로, 또 달콤함은 달콤함 대로 잘 짝 맞춰 넘어가는 것이 느껴집니다. 그렇게 비어버린 자리에는 깔끔한 씁쓸함이 촉촉하게 젖어드는데요. 어른스럽고 점잖은 친구처럼 뒷마무리가 깨끗합니다. 풀드포크가 아니더라도, 로스트 치킨의 가슴살을 잘 찢어서 바비큐 소스에 찍어 함께 먹어도 어울릴 것 같고요. 조 대표의 제안처럼 햄버거와 마셔도 훌륭한 궁합을 보여줄 듯합니다. 안주를 만들 여력이 없을 때는 시판 햄버거가 좋은 짝이 되겠네요.

맥주의 마지막 한 모금도 입안에 털어 넣어 봅니다. 맥아, 홉, 효모가 한 스푼씩 맛있게 블렌딩 된 라이트 비터라는 걸 다시 한번 느끼며 또다시 백여 년을 거슬러 갑니다. 지구 반대편 어딘가, 낯모를 젊은이의 뒤에서 채워가는 취기는 그이에게 펼쳐질 뒤편의 시간을 궁금케 합니다. 짐작하셨겠지만 지금 이 잔 속의 맥주가 비어버려도 저의 시간 여행은 끝나지 않을 겁니다. 라이트 비터 1895 한 병을 다시 꺼내면 될 일이니까요. 또 다른 멋진 시구절에 대한 기대감이 사그라들 때까지 여행을 반복해 볼 요량입니다. 한 번이 두 번이 되고, 두 번이 세 번이 되어 젊은이의 노트가 가득 차고, 테이블 위의 빈 병들이 늘어나면 그가 쓴 시구가 기억날는지는 모르겠지만 말이죠.

맥주 정보

- **맥주명**: 라이트 비터 1895Light Bitter 1895
- **브루어리**: 아쉬트리Ashtree
- **맥주 스타일**: 라이트 비터
- **시음평**: 백년도 더한 깊이감을 자랑하는 그윽한 라이트 비터
- **페어링과 그 밖의 추천 페어링**: 피자, 햄버거, 로스트 치킨, 비스킷

잔을 비우고,
글을 채우다

장샛별 편

어려서부터 사람의 마음을 움직이는 글을 쓰고 싶었고, 술잔을 비우며 떠오른 생각들로 채운 에세이 《잔이 비었는데요》를 썼습니다. 맛있는 음식과 어울리는 술을 함께 즐기는 순간의 감각을 좋아하기에 모든 술을 사랑하지만, 다채로운 개성과 새로운 시도를 보여주는 크래프트 맥주를 편애합니다. 이 책을 함께 하면서 맥주 한 잔에 담긴 이야기와 매력에 더 깊게 취했습니다. 맥주를 찾아 여행하고, 소개하는 일을 맥주를 마시는 것만큼 꾸준히 하고 싶습니다.

Extrasmall, Extraordinary - 엑스트라스몰 브루잉룸

Balanced Beer for Balanced Life - 노매딕 브루잉 컴퍼니

인천을 담은, 인천을 닮은 맥주 - 인천맥주

시간을 거스르는 과학 - 버블 케미스트리

- 브릿지 3: 해가 진 뒤에도 햇살을 마실 수 있다면

Extrasmall, Extraordinary

- 엑스트라스몰 브루잉룸 -

인천 하면 생각나는 구도심도, 최근 많은 사람들이 찾는 송도도 아닌 연수역은 꽤 낯선 지역입니다. 생소한 골목을 따라 걷다 보면 이 거리에 정말 브루어리가 있을까 하는 마음이 듭니다. 투명한 유리 벽 너머 늘어선 양조용 통에 발걸음이 멈추고, 그 위의 BEER라고 쓰인 아주 작은 이름표에 눈길이 갑니다. '이름대로 정말 작구나Extrasmall'라는 생각과 함께 출입문에 쓰인 '19세 이상이신가요?'라는 재치 있는 질문을 받습니다. 당신의 답이 YES라면, 꼭 문을 열고 안으로 걸음을 내디뎌보세요. 이름과는 다르게 꽤 크고, 다가설수록 점점 깊어지는 이 브루어리의 진짜 매력을 발견하게 될 테니까요.

많거나 큰 것에 열광하는 다다익선, 거거익선의 시대에 '엑스트라스몰 브루잉룸'(이하 XS ROOM)은 이름 그 자체로 호기심을 일으킵

엑스트라스몰 브루잉룸의 독특한 입구와 숨은 간판

니다. 그냥 작은small 것도 아니고, '매우 작은'extra small이라는 이름에 무언가 특별한 이유가 있을 것 같으니까요. 이곳의 이름은 '양조용 통의 크기는 다른 브루어리에 비해 작지만small, 제공하는 맥주와 경험의 깊이는 얕지 않다extra-, 무엇 이상의'는 의미를 담고 있습니다. 공간도 브루어리의 이름을 따라, 점점 깊고 넓어지도록 설계했습니다. 문을 열고 새로운 공간으로 들어설 때마다 또 하나의 낯선 세계를 만나는 구성 때문에, 눈에 보이는 양조실에서 만드는 맥주가 더 궁금합니다. 아주 작은 공간extra small에서 만든, 아주 특별한extraordinary 맥주일 것이라는 기대가 커집니다.

XS ROOM의 김관욱 대표에게 맥주 양조의 시작을 물었을 때, 의외로 한낮의 카페에서 마신 호가든 한 잔의 기억을 들려주었습니다.

여담이지만 당시는 벨기에에서 생산된 호가든을 국내에서 마실 수 있었습니다. 그동안 마시던 맥주와 완전히 다른 맛도 놀라웠지만, 책 한 권에 곁들여 마신 맥주 한 잔이 마음과 태도를 여유롭게 바꿔놓았다고 합니다. 이 순간의 경험은 김관욱 대표가 맥주 양조에 관심을 두게 된 중요한 계기이자, 보통의 펍과 달리 밝고 아늑한 카페 같은 공간을 꾸민 것에도 영향을 주었습니다. 이후 맥만동을 통해 홈브루잉을 시작하고, 직접 만든 맥주에 대한 지인들의 좋은 반응에 힘입어 맥주를 만드는 일을 제대로 하기로 결심합니다. 그날의 맥주가 XS ROOM의 불을 켠 셈입니다.

이후 김관욱 대표는 호주와 뉴질랜드에서 맥주 공부와 일을 병행하며 경험을 쌓고 한국에 돌아왔습니다. 마침, 당시는 국내 크래프트 맥

작은 규모지만 특별한 맥주들을 만들어가는 브루잉룸

주 시장이 급격하게 관심을 받던 시기였습니다. 크래프트 맥주의 성장과 정체를 함께 보고 경험한 김관욱 대표는 오너 브루어의 길을 선택합니다. 2015년 인천 송도에 처음 펍을 오픈했을 때는 위탁 양조로 양조 시설이 있던 성남과 송도를 오가며 맥주를 만들고 선보였지만, 이후 지금의 인천 연수동 매장에 자체 양조 시설을 갖추게 되었습니다. 김관욱 대표는 좋아하는 맥주를 지속적으로 잘 만들고 사람들에게 제공하려면 공급과 수요의 균형이 중요하다고 생각했는데, 맥주를 잘 만들고 그 맥주의 맛을 가장 잘 즐길 수 있는 시간 내에 사람들이 경험하게 하려면 적은 양이라도 수요에 맞게 생산하는 것이 적합하다는 판단이었습니다. 500리터 크기의 작은 양조 탱크도 '꾸준히 잘 해내고 싶다'는 마음으로 선택했습니다.

XS ROOM은 자연스럽고 편안한 맥주를 추구합니다. 맥주가 사람들과 함께 나누는 에너지이자 시간과 공간을 함께 보내는 경험의 매개체가 되기를 원하는 양조 철학이 맛에서 느껴집니다. 더 빠르고 간단한 방법이 있는데도 온전하게 시간을 담아 양조하는 것을 고집하는 이유도 충실하게 시간을 보내기를 바라는 마음입니다. 기본 위에 은은하게 드러나는 매력과 재미, 새로운 시도까지 보여주는 맥주들은 알면 알수록 더 매력적이고, 많은 사람에게 알리고 싶은 '좋은 사람'처럼 느껴집니다.

XS ROOM의 독특한 특징 중 하나는 맥주를 감싼 레이블 디자인입니다. 보통 이미지나 로고 등으로 채우는데, 아주 간단하게 글자로만 디자인했습니다. 선입견 없이 맥주 맛에 집중하기를 바라는 마음에서 선택한 디자인입니다. 인간은 여러 감각기관 중 시각에 가장 많이 의존하기 때문에 많은 제품들이 시각적으로 정보를 전달하는 것에 집중합니다. 맥주도 레이블을 통해 맛의 특징을 짐작하게 하는 것이 일반적인데, XS ROOM의 맥주는 다릅니다. 오히려 여백이 대부분을 차지하기에 한 번 만나면 쉽게 기억할 수 있습니다.

XS ROOM이 자체 양조 시설을 통해 만든 첫 맥주는 '호피'입니다. 맥주를 좋아하는 분이라면 홉hop의 특성이 드러나는 호피hoppy을 떠올리겠지만, 사실 이 이름의 주인공은 호랑이 무늬虎皮를 닮은 노란 고양이 '호피'입니다. 팜하우스 라거farmhouse lager를 첫 맥주로 정하고 양조할 때였습니다. 이곳을 자주 찾아오던 길고양이 호피에게 큰 사고가 났

미니멀리즘이 돋보이는 XS ROOM의 레이블

는데, 다행히 많은 분의 도움과 사랑으로 무사히 회복했습니다. 이때 고양이 호피가 받은 사랑처럼 지금 양조 중인 맥주도 많은 이들의 사랑을 받았으면 하는 마음에 맥주 이름을 '호피'로 정했습니다. 이름과는 달리 가벼우면서도 꽃과 과일, 허브 향이 느껴지는 호피는 오랜 숙성기간이 필요한 라거로, 때때로 탭 목록에 없기 때문에 호피를 만난 날에는 꼭 마셔보시길 추천합니다.

'딸기꽃'은 이름 때문에 스무디 맥주를 상상하는 분들도 많지만, 효모의 영향에 따라 딸기 향이 날 수 있다는 점에 착안해 만든 가벼운 페일 에일pale ale입니다. 딸기의 캐릭터가 꽃처럼 은은하게 느껴졌으면 하는 의도였는데, 우리가 흔히 접하는 딸기 과실보다는 작고 귀여운 딸기꽃을 많이 닮았습니다. 딸기꽃은 벚꽃보다 작은 아담한 꽃인데, 진하고 매혹적인 향은 없지만 꽃이 핀 후에야 딸기가 열립니다. 향을 즐기며 가볍게 마실 수 있는 맥주로 추천합니다.

잔에 담긴 맥주를 넘어 그 순간을 둘러싼 공간과 사람, 관계가 모두 어우러져야 완성되는 하나의 경험. XS ROOM에서는 이런 특별extra-한 경험을 함께하는 행사도 종종 엽니다. 새로운 맥주의 출시 행사, BBQ 파티 등 다양한 이벤트가 있는데, 각각의 점으로 온 사람들이 맥주라는 매개체로 연결되고 그 관계가 커집니다. 김관욱 대표는 그 모습을 바라보는 것이야말로 여러 행사를 진행하는 보람이라고 말합니다. 이 공간을 찾는 사람들의 경험이 맥주와 함께 익어갑니다.

밤이 깊은 시간에는 낮과는 다른 색감과 소리가 공간을 채웁니다. 해 질 녘을 떠오르게 하는 잔잔한 밝기의 조명, 웅성거리는 사람들의 대화와 따뜻한 에너지가 유리문 바깥으로도 전해집니다. 따스한 햇볕의 낮은 물론 차분한 달빛이 내리는 밤에도 온전하게 시간을 담아내며 만든 한 잔의 맥주는 낯선 골목에 자리한 이곳을 찾아가기에 충분한 이유입니다. 작지만 특별한 한 잔의 힘을 만나보기를 바랍니다.

- **브랜드명**: 엑스트라스몰 브루잉룸
- **브루어리명**: XS BREWING-ROOM
- **설립 연도**: 2021년
- **형태**: □ 브루어리 ■ 브루펍 □ 직영펍 □ 계약 양조
- **특징**: SUPER CLASSIC. 데일리하게 즐길 수 있도록 편안하고 자연스러운 맥주
- **주요 맥주 및 스타일**: 나비잠(헤페바이젠), 해질녘(웨스트 코스트 IPA)
- **주소**: (브루펍)인천광역시 연수구 청명로 19 1층
- **인스타그램**: xs.brewing.rm

Balanced Beer for Balanced Life

- 노매딕 브루잉 컴퍼니 -

수렵과 채집으로 살아가던 유목 생활에서 한곳에 정착해 사는 농경 사회로 바뀐 것은 인류 역사의 큰 전환점입니다. 그렇게 오랜 세기를 지나온 지금, 유목이 새로운 모습으로 다시 우리에게 다가왔습니다. 자유와 유연함, 새로운 경험을 추구하는 인간의 본능은 어느 곳에서나 노트북만 있으면 일할 수 있는 '디지털 노마드', 다양한 문화를 경험하며 떠돌아다니기를 선택한 '문화적 노마드'로 재탄생했습니다. 전주의 전통적 아름다움을 품은 공간에서 이런 노마드 정신에 어울리는 특별한 크래프트 맥주를 선보이는 곳이 있습니다. '노매딕 브루잉 컴퍼니Nomadic Brewing Company'입니다.

노매딕 브루잉 컴퍼니(이하 노매딕)는 그동안 다양한 공간에서 사람들을 만나왔습니다. 지금은 양조 시설로만 사용하는 노매딕의 첫 공간은 맥주 양조 공간과 탭룸의 역할은 물론, 오너 브루어 부부의 집이기도 했습니다. 이후 한옥마을에 '노매딕 비어가든Nomadic Beer Garden', 첫 공간 맞은편에 '비어 템플Beer Temple'까지 문을 열며 매력적인 공간들이 늘어났습니다. 모두 한옥임에도 각각 다른 개성이 돋보이는데, 모든 공간에서 공통으로 만날 수 있는 문구가 있습니다.

'Balanced Beer, Balanced Life균형 있는 맥주, 균형 있는 삶'

노매딕이 무엇보다 중요하게 여기는 가치입니다.

균형Balance은 멈춘 것처럼 보이지만, 실제로는 많은 움직임이 필요합니다. 빈 것을 채우고 넘치는 것은 덜어내야 하는데, 이를 위해서는 잠시도 멈추기 어렵습니다. 균형 있는 맛의 맥주를 만들기 위해 양조 설비를 바쁘게 오가며 익어가는 맥주를 수시로 확인하고, 비어 템플을 찾은 손님들과 대화하며 완성된 맥주의 균형을 확인하는 것도 놓치지 않습니다. 노매딕은 끊임없이 새로운 맥주를 시도하는데, 일상에 잘 녹아드는 한 잔을 늘 새롭게 만들어내기 위해 부지런히 노력합니다.

균형 있는 삶도 노매딕이 좋은 맥주만큼 중요하게 생각하는 가치입니다. 잘 먹고, 잘 자고, 취미와 여유를 즐길 수 있는 것은 사실 우리가 모두 공감하는 좋은 삶입니다. 노매딕 브루잉 컴퍼니의 양조 공간에서는 오너 브루어가 좋아하는 로큰롤 음악을 크게 틀어두고 축제를 즐기는 듯한 분위기로 맥주를 양조합니다. 한옥 지붕에 닿을 듯한 높이로 시선을 사로잡는 세 개의 큰 양조용 통에는 직접 지은 'Mind,

Body, Soul'이라는 이름이 붙어 있습니다. 마음과 몸, 정신까지 균형을 이룬 삶을 바라며 즐겁게 맥주를 만듭니다.

한옥 지붕 아래의 양조 시설

한국에서도 가장 전통적인 도시 전주에서, 균형 있는 맥주와 균형 있는 삶을 만드는 노매딕의 오너 브루어 좌니는 미국 미시간주에서 태어났습니다. 2006년 아일랜드에서 마신 신선한 기네스 한 잔의 충격으로 맥주에 푹 빠진 좌니는 전문적으로 맥주를 공부하기로 결심합니다. 맥주 학교에 가기 위해 전주의 학교에서 영어 선생님으로 일하면서, 저녁과 주말에는 홈브루잉으로 시간을 쌓았습니다. 미국 시카고와 독일 뮌헨에서 맥주 양조를 공부하고 비로소 고향인 미국 미시간주의 '브루어리 벨스Bell's'에서 상업 양조를 처음 시작했습니다. 이후 여러 지역과 브루어리에서 경험을 쌓은 끝에 본인이 생각하는 다양한 맥주들을 펼쳐보일 수 있는 브루어리를 직접 운영하기로 결심합니다. 그렇게 2019년 전라북도 전주에 노매딕의 문을 열었습니다.

다양한 국가, 그리고 한국에서도 참 많은 도시 가운데 왜 전주였을까요? 좌니는 전주가 제2의 고향이라고 곧바로 답했습니다. 맥주 학교에 가기 전에 선생님으로 일하던 곳이기도 하고, 공항버스에서 운명적으로 만난 아내 한나도 전주 인근 도시 출신입니다. 또한 유네스코가 선정한 '음식 창의 도시'인 전주의 음식 문화도 큰 이유입니다. 이 모든 것을 통틀어서 좌니는 전주가 크래프트 맥주와 굉장히 잘 어울리는 곳이라고 이야기합니다. 사람의 손으로 만들어지는 한옥, 긴 시간과 손길이 필요한 한식 모두 크래프트 맥주와 접점이 많습니다.

크래프트라는 한옥의 매력 때문일까요? 노매딕의 맥주가 만들어지는 공간, 그 맥주를 즐길 수 있는 공간들도 모두 오래된 한옥입니다. 특히 노매딕에는 여전히 자동 설비 대신 손으로 진행하는 양조 과정이 많기 때문에, 슬로우 시티 전주가 크래프트 맥주와 잘 어울리는 도시라는 설명에 절로 고개를 끄덕이게 됩니다. 한옥의 구조가 그대로 살아있는 양조 시설에서 오랜 시간을 머금고 오크통에서 익어가는 맥주들을 바라보면 한국에 이보다 더 크래프트 맥주에 적합한 도시가 있을까 하는 생각이 듭니다.

인터뷰를 진행하면서 노매딕을 대표하는 맥주가 무엇이냐는 질문을 건네기가 조심스러웠습니다. 고정된 거처 없이 이동하는 유목민을 의미하는 '노마드'라는 이름처럼 노매딕의 맥주도 늘 살아 움직이니까요. 좌니는 가장 좋아하는 맥주를 선택하는 대신 노매딕의 탭 리스트가 무지개 같았으면 좋겠다고 답했습니다. 모든 순간에 어울리는

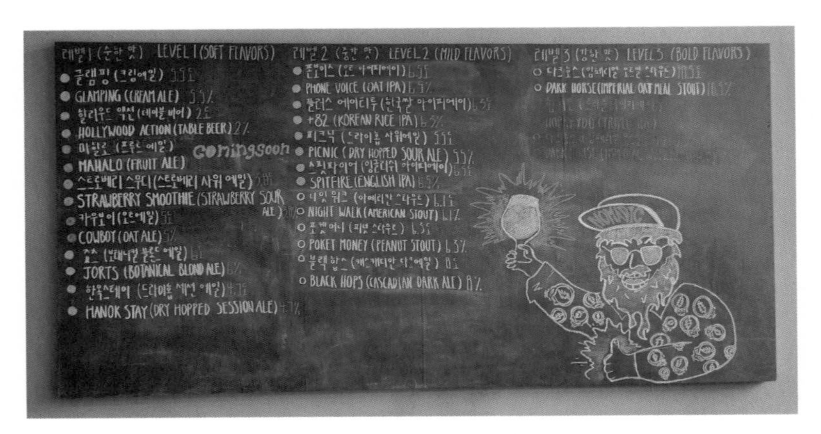

항상 다양한 종류를 자랑하는 노매딕의 탭 리스트

단 하나의 맥주를 고르기는 어렵지만, 기분이나 날씨, 분위기에 따라 지금 이 순간 가장 잘 어울리는 맥주를 즐긴다면 그 한 잔이 최고의 맥주라는 뜻입니다. 가장 좋아하는 색상 하나로 채워진 것이 아니라, 다채로운 색상의 조합 그 자체가 무지개의 매력인 것처럼 말입니다. 인터뷰를 위해 방문한 비어 템플 탭 리스트에는 열다섯 종의 맥주가 준비되어 있었습니다. 무지개 같은 다채로움 앞에서 여러분의 고민이 너무 길어지지 않도록 몇 가지 맥주를 소개합니다.

크림 에일cream ale인 '글램핑'은 노매딕에서 오랜 시간 자리를 지키는 맥주입니다. 크림 에일은 'Balanced Beer'라는 이름에 잘 어울리는 맥주 스타일로, 에일의 상면 발효 방식을 사용하면서도 라거처럼 낮은 온도에서 숙성하여 라거의 깔끔한 맛과 에일의 부드러운 바디감을 동시에 느낄 수 있습니다. 글램핑은 캠핑을 사랑하는 마음이 느껴지는 이름이기도 하지만, 더 넓은 의미가 있습니다. 순수한 자연에 가까운 야생의 캠핑을 좋아하는 사람이 있는가 하면 깔끔한 시설의 호텔을 선호하는 사람도 있는데, 그 모두가 함께 즐길 수 있는 게 글램핑입니다. 글램핑은 누구라도 만족스럽게 마실 수 있고, 어떤 음식에도 어울릴 만한 맥주입니다.

방문할 때마다 다채롭게 바뀌는 탭 리스트에서 눈길을 끄는 맥주가 있습니다. 바로 유기농 쌀 조청을 첨가한 맥주인데요. 쌀이나 꿀을 사용하는 맥주는 더러 만날 수 있지만 쌀 조청을 사용하는 경우는 흔하지 않습니다. 좌니는 쌀이 들어간 맥주를 만들고 싶었지만, 일반적인 쌀이 맥주 양조에는 적합하지 않다는 점 때문에 고민하다가 조청을 알게 되었습니다. 한국의 식재료를 잘 모르는, 어린아이 같은 시선 덕분에 발견할 수 있었다며 웃은 좌니는 이 과정을 전부 유기농으로 할 수 있다는 것에 더 매력을 느꼈다고 합니다. 인터뷰를 위해 찾았을 때는 유기농 조청을 사용한 가벼운 세션 에일session ale '한옥스테이'와 한국 쌀 IPA인 '+82'가 있었는데요. 여러분이 방문하는 시점에는 조청을 사용한 또 다른 맥주가 있을지도 모릅니다.

노매딕의 풍성한 탭 리스트에서 의외로 다른 브루펍에서 흔히 찾아볼 수 있는 비어 샘플러는 보이지 않습니다. 좌니는 한정된 몇 개의 맥주들을 경쟁시키며 비교하는 것보다는 마시고 싶은 맥주를 다양하게 경험하는 것에 초점을 맞추고 싶었다고 설명합니다. 평가 대신 온전

부담 없이 다양한 맥주를 즐길 수 있는 비어 템플

한 경험을 바라며, 다양한 맥주를 부담 없이 즐길 수 있게 두 가지 용량으로 제공합니다. 작은 잔은 다른 곳의 샘플러와 용량이 비슷하니, 다채로운 탭 리스트 전체에서 지금 나에게 최고의 맥주를 찾는 즐거움이 있습니다. 친절한 설명으로 선택의 고민을 덜어줄 메뉴판에서 삶의 균형을 맞춰줄 맥주를 골라보세요.

노매딕은 전주에 직접 가지 않는 한 경험할 기회가 많지 않은 브루어리입니다. 그러니 만약 전주를 여행한다면 꼭 들러보길 권합니다. 오로지 노매딕을 만나기 위해서만 전주를 찾는다고 해도 아쉽지 않을 매력적인 맥주와 경험을 선물할 것입니다.

인터뷰를 마치며 좌니는 자신이 교사일 때도, 지금도 한국으로부터 느끼는 큰 감사함을 맥주와 문화, 경험을 통해 보답하고 싶다고 했는데요. 다른 날 비어 템플을 다시 찾아 둘러보면서 이미 그 고마움은 모두 갚았을 것이라고 생각했습니다. 요가를 하며 맥주를 즐기는 비어 요가 프로그램을 마치고 공간을 나서는 사람들의 발그레한 얼굴에서

대들보에 쓰인 'Balanced Life'의 의미를 엿봅니다. 삶의 균형을 맞추기 위해 우리에게는 다양한 무게의 경험이 필요합니다. 그리고 노매딕의 'Balanced Beer'는 언제든 균형을 맞출 수 있는 한 잔이 되어줄 겁니다.

- **브랜드명**: 노매딕 브루잉 컴퍼니
- **브루어리명**: 노매딕 브루잉 컴퍼니
- **설립 연도**: 2019년
- **형태**: ■ 브루어리 ■ 브루펍 ■ 직영펍 □ 계약 양조
- **특징**: 오너 브루어가 직접 양조, 운영하는 인디펜던트 브루어리
- **주요 맥주 및 스타일**: 글램핑(크림 에일), 한옥스테이(세션 에일), 나이트워크(아메리칸 스타우트)
- **주소**: (브루어리)전북 전주시 완산구 전라감영3길 12-10
  (브루펍)전북 전주시 완산구 전라감영4길 13-16 노매딕 비어템플
  (직영펍)전북 전주시 완산구 향교길 57 노매딕 비어가든
- **인스타그램**: nomadicbrewingco
- **페이스북**: nomadicbrewing

인천을 담은, 인천을 닮은 맥주

- 인천맥주 -

어떤 사람은 떠나고, 어떤 사람은 오는 공간이 주는 독특한 에너지가 있습니다. 이제 막 낯선 곳에 도착한 설렘과 떠나는 사람의 기대감, 떠나보내는 이의 아쉬움이 섞여 특유의 분위기를 만듭니다. 많은 사람에게 인천은 그런 이미지의 도시입니다. 지금은 인천국제공항이 있지만, 하늘길 이전부터 한국의 관문은 인천이었습니다. 개화기 바닷길이 처음 닿은 곳도 인천항이고, 1899년 개통한 한국 최초의 철도 역시 인천에서 출발했습니다. 수도에 인접한 지리적 위치 탓에 역사의 상흔이 많은 인천, 그 안에서도 가장 그 흔적이 짙게 남아있는 구도심에 '인천맥주'가 있습니다.

인천맥주를 방문하기 위해 찾은 인천역은 수도권 전철 1호선과 수인·분당선의 종착역으로 역사 건너편에 있는 차이나타운에서 붉은 길

인천 개항장 거리에서 만나는 인천맥주 직판장은 산뜻한 색감이 눈길을 사로잡습니다

을 따라 올라가면 자유공원, 아래쪽으로는 개항장 거리에 닿습니다. 개항장 거리는 과거 인천항 무역의 중심지인데, 세관과 은행을 포함해 많은 근대식 건물이 남아있어 박물관 같은 분위기를 자아냅니다. 천천히 걷다 보면 파란 벽 위에 예스럽게 적힌 인천맥주라는 글자가 반깁니다.

인천맥주라는 이름이 낯설고 새로울 수 있지만, 2016년 인천 송도에서 시작한 '칼리가리 브루잉'이 인천맥주의 모태입니다. 박지훈 대표에게 맥주 양조의 계기를 묻자, 원래 음악을 하다가 현실의 벽 앞에서 칵테일과 와인을 제공하는 바를 운영한 것을 시작으로 꼽습니다. 첫 시도부터 입소문이 날 정도로 성공해 음식점으로 사업을 확장하면서도 박지훈 대표는 자신이 좋아했던 음악과 술을 함께 즐기는 공간에 꿈이 있었다고 합니다. 맥주는 와인보다 더 편하고, 어떤 음악과도 어울리는 술이라 관심을 갖고 있었는데, 다양한 크래프트 맥주와 함께 홈브루잉을 접하고 배우면서 관심이 점점 커졌습니다. 2014년, 드디어 소규모로 양조한 수제 맥주의 유통이 가능해지면서 맥주 전문 펍을 오픈하게 되는데, 몰래 만들어 마시는 밀주 같았던 기존 수제 맥주의 느낌을 담아 '칼리가리 박사의 밀실'이라는 이름으로 크래프트 맥주 시장에 발을 들였습니다.

'칼리가리 박사의 밀실'은 맥파이, 핸드앤몰트, 트레비어 같은 1세대 브루어리의 맥주와 함께 단 하나의 자체 맥주로 시작했습니다. 이때 칼리가리 브루잉이 선보인 첫 맥주는 '닥터 필굿'인데, 당시 크래프트 맥주에서 많이 내세운 IPA보다 상대적으로 약한 쓴맛으로 초심자도 가볍게 마실 수 있는 페일 에일이었습니다. 다양성을 내세우기보다는 하나의 맥주에 집중하며 차차 레시피를 보완하면서 완성도를 높였고, 맥주 종류도 점차 늘렸습니다.

맥주 종류와 함께 매장도 여러 지역에 연이어 오픈할 정도로 빠르

탭룸이 올려다보이는 양조장 내부, 맥주가 익어가는 향이 탭룸까지 전해집니다

게 성장했고, 크래프트 맥주의 붐도 계속되고 있었습니다. 첫 맥주를 시작으로 '바이젠 하우스Weizen Haus', '카브루Kabrew', '브라이트바흐Breitbach' 등에서 위탁 양조를 하던 박지훈 대표는 직접 양조장을 운영해도 되겠다고 판단하고, 2017년부터 지금의 개항장 거리의 자체 양조 시설에서 맥주를 만들고 있습니다. 100년이 넘은 긴 역사의 건물에서 같은 지붕 아래의 양조 시설을 바라보며, 끓는 맥즙의 달큰한 향과 함께 맥주를 들이켜면 '맥주는 양조장 굴뚝 그림자에서 마시는 것이 가장 맛있다'는 독일 격언을 떠올리게 됩니다.

그런데, 이미 잘 알려지고 사랑받은 이름을 왜 인천맥주로 바꾸게 되었을까요? 칼리가리 브루잉처럼 사람들에게 인식된 브랜드를 완전히 새롭게 바꾸는 것은 쉽지 않은 선택입니다. 좋은 평판과 이미지를 가진 상태에서 이름까지 바꾸는 리브랜딩의 성공 사례는 거의 없었습니다. 그럼에도 박지훈 대표는 과감하게 변화를 선택했습니다. 칼리가리 박사의 모자가 그려져 있던 개항장 거리의 오래된 건물벽에는 인천맥주가 새로 쓰였습니다.

큰 결단을 내린 계기는 의외로 코로나19였습니다. 유통 채널이 한정적인 크래프트 맥주에는 더욱 큰 시련이었고 너무 어둡고 끝이 없는 긴 터널 같은 시기였는데, 박지훈 대표는 이때 지역 브랜드의 본질을 새삼 깨달았습니다. 다른 지역을 오가던 사람들의 발길이 끊기고 자신의 지역에 고립된 시기, 좋은 지역 브랜드가 되기 위해서는 다른 어떤 소비자들보다 지역민들이 쉽게 기억하고 지지해야 한다는 점을 되새겼습니다.

양조장이 위치한 개항장 거리는 오래 거주하는 주민의 비중이 높고, 자연히 거리를 채우는 사람들의 연령대도 높습니다. 반면 칼리가리 브루잉이라는 이름과 맥주는 지역민들이 쉽게 기억하고 사랑하기에는 낯설고 어려웠습니다. 브랜드의 가장 큰 팬이 되어줄 지역 주민들에게 더 가까이 다가가야 한다는 사실을 팬데믹의 암흑이 오히려 밝혀주었습니다.

인천맥주로 이름을 바꾸고 처음 양조한 맥주가 라거인 것도 노포가 많은 이 거리를 생각한 선택이었습니다. 지역민들이 부담 없이 마시고, 다시 찾을 수 있도록 가장 익숙한 맥주 스타일을 선택했고, 인천맥주라는 새 이름으로 건넨 첫 인사가 되었습니다. 이 맥주의 이름은 지

시선을 사로잡는 개항로 포스터

역 기반을 그대로 담은 '개항로'입니다. 개항로에 자리 잡은 인천맥주이기에 당당하고 쉽게 택할 수 있던 이름입니다. 꾸미지 않은 모양의 병에 거칠게 쓰인 글씨가 인상적인데, 이 글씨는 50년이 넘도록 인천에서 나무 간판을 제작한 전종원 님이 작업했습니다. 개항로 맥주를 더 인상 깊게 만드는 포스터 역시 전문 모델이 아니라 수십 년간 지역 극장의 간판 화가로 일했던 최명선 님이 주인공입니다. '개항로' 맥주의 모든 면을 지역과 함께하는 셈입니다.

인천맥주는 연중 생산 맥주와 특정 계절에만 만날 수 있는 시즈널 맥주를 모두 제공하는데, 그중에서도 단연 대표인 개항로 라거는 특별한 이벤트가 아니라면 인천 밖으로 유통되지 않습니다. 우리 동네에 있는 노포에서 지역 주민들이 편하게 즐길 수 있는 맥주를 지향하고 만든 만큼, 인천의 몇몇 음식점과 인천맥주 직영 탭룸에서만 제공하고 있습니다. 유통 경로를 포기한다는 것은 사업에서는 쉽지 않은 선택이지만 반대로 이 지역을 찾아와야 할 이유가 됩니다. 인천을 여행하며 이 도시 곳곳의 숨은 매력을 느끼고, 세월이 느껴지는 포스터 앞에서 개항로 한 잔을 마시는 것을 추천합니다.

'턱시도' 시리즈는 늦가을에서 초겨울에 만날 수 있는 임페리얼 스타우트imperial stout입니다. 턱시도에서는 다양한 몰트를 배합해 견과류와 커피, 초콜릿, 코코넛, 바닐라 등 다양한 풍미가 느껴집니다. 묵직한 바디감과 고소하고 달콤한 디저트의 감각을 의도했다고 합니다. 그중에서도 '턱시도 낫띵배럴'은 위스키 배럴에 6개월간 숙성한 임페리얼 스타우트로, 배럴과 시간이 주는 맛과 향을 함께 즐길 수 있습니다.

지역민들이 즐기고 사랑할 수 있는 맥주를 제공하는 것을 중요하게 여기지만, 개성 있는 맥주 스타일에 대한 시도도 게을리하지 않는다는 것을 인천맥주는 자세한 설명 대신 새롭게 만들어내는 맥주로 보여주고 있습니다.

개항장 거리에서 인천맥주를 만날 수 있는 곳이 또 있습니다. 바로 2024년 오픈한 인천맥주의 새로운 탭룸 '인천맥주 호랑이'입니다. 양조 시설 바로 위에서 맥주를 즐길 수 있는 기존의 인천맥주 본점과 달리 음향 설비에 매우 신경 쓰며 채운 공간입니다. 음악에 일가견이 있는 박지훈 대표가 택한 라이브 공연과 디제잉 등 좋은 음악과 함께 인천맥주의 모든 맥주를 즐길 수 있습니다. 미각에 청각까지 더해 풍성한 감각으로 인천을 느낄 수 있는 새로운 선택지입니다.

음악과 맥주가 어우러지는 탭룸 '호랑이'

'인천맥주 호랑이'와 본점에서 조금 걸으면 나오는 신포시장에는 두 번째 직영 탭룸 '인천맥주 외부음식환영'이 있습니다. 닭강정이나 만두 등 유명한 먹거리가 많은 신포시장에서 음식을 사 와서 인천맥주와 함께 맛볼 수 있는 곳입니다. 매장에서는 아주 간단한 스낵만 판매하며, 이름 그대로 외부 음식을 환영합니다. 신포시장과 상인 등 지역에 스며들고 함께 상생하는 것을 지향하며 만든 공간입니다. 숨은 보물이 많은 인천역과 동인천역 사이를 인천맥주의 다양한 공간에서 좋은 맥주와 함께 즐길 수 있습니다.

인천맥주는 맥주에 인천이라는 지역을 함께 담아 양조하고, 그 맥주를 만나는 공간 역시 지역과의 접점을 소중하게 여깁니다. 인천맥주에서 가장 흥미로운 시리즈인 '마계인천'은 부정적인 의미로 쓰이던 단어에 재미를 입혔습니다. 수십 년의 역사가 있는 지역 노포를 골라 노포의 음식과 분위기에 어울리는 한정판 맥주를 만들고, 바로 그 장소에서 론칭 파티를 엽니다. 맛있는 맥주라는 기본 위에 쌓아 올리는 인천에 대한 애정과 즐거움은 계속 다음 맥주와 또 다른 인천 이야기를 기대하게 합니다. 독특한 개성을 가진 인천이라는 지역 위에서, 마음을 사로잡는 매력을 펼쳐 보이는 인천맥주를 응원합니다.

- **브랜드명**: 인천맥주
- **브루어리명**: ㈜칼리가리 브루잉
- **설립 연도**: 2016년
- **형태**: □ 브루어리 ■ 브루펍 ■ 직영펍 □ 계약 양조
- **특징**: 지역성이 강한 브루어리
- **주요 맥주 및 스타일**: 개항로(라거), 사브작IPA(IPA), 턱시도(임페리얼 스타우트)
- **주소**: (브루펍) 인천 중구 신포로15번길 41 1층
  (직영펍) 인천 중구 제물량로218번길 3 인천아트플랫폼H동 인천맥주 호랑이
  (직영펍) 인천 중구 우현로45번길 4-1 인천맥주 외부음식환영
- **홈페이지**: www.incheonbrewery.com
- **인스타그램**: incheon_brewery /incheon_brewery_tiger / incheon_brewery_sinpo

---

시간을 거스르는 과학

- 버블 케미스트리 -

영화 《어바웃 타임》의 주인공 팀은 과거로 시간 여행을 할 수 있습니다. 그는 이 초능력으로 사소한 실수부터 사고나 실패까지 바로잡으며 원하는 결과를 만듭니다. 이처럼 소설과 영화 속 시간 여행은 시간이라는 한계를 극복하고 싶은 인간의 간절함을 보여주지만, 실제 우리는 공평하게 주어진 시간을 순리대로 살아갈 뿐입니다. 그런데 마치 시간을 되돌리는 초능력을 가진 것처럼, 반복을 통해 더 나은 결과를 만들어내는 곳이 있습니다. 과학이라는 방법으로 좋은 맥주를 만들어내는 '버블 케미스트리Bubble Chemistry'입니다.

버블 케미스트리를 처음 만났던 맥주 축제를 떠올려봅니다. 낯선 로고와 상큼한 민트 컬러가 관심을 끌었고, 이름을 뜯어보자 믿음과 기대가 생겼습니다. '화학'이라는 의미의 케미스트리와 로고에 있는 실험용 플라스크는 철저하게 만든 맥주라는 상상을 하게 했는데, 처음 마신 한 모금에 그 예상이 맞았음을 확신했습니다. 버블 케미스트리의 조준휘 대표와 김무경 헤드 브루어head brewer를 만나 이름의 의미를 물었습니다.

버블 케미스트리의 '버블'은 맥주를 따를 때 쌓이는 하얀 거품을 표현합니다. 또한 맥주가 발효되는 동안 숨을 쉬듯 올라오는 기포는 물론, 맥주에 청량함을 선사하는 탄산까지도 함께 담은 단어입니다. 맥주가 만들어지는 발효 과정에도, 완성된 맥주에도, 잔을 채운 맥주 위에도 늘 서로 다른 거품이 있다는 점에 주목하면 맥주는 곧 '버블'이라고 볼 수 있습니다. '케미스트리'는 최근에는 사람 사이의 상호작용을 뜻하는 '케미'로 더 많이 사용하지만, 기본적으로 화학이라는 뜻입니다. 곡물이나 과일에 포함된 당을 분해해서 알코올을 만들어내는 화학적인 변화는 맥주뿐만 아니라 모든 양조 과정의 핵심입니다.

버블 케미스트리의 로고에는 맥주와 과학이 담겨 있습니다

버블 케미스트리의 조준휘 대표는 다른 분야에서 일을 하다가 어떤 시대, 어떤 지역이든 반드시 통하는 제품을 만들고 싶다고 생각하게 되었습니다. 그러다가 전 세계 모든 곳에도, 오랜 시간을 거슬러 가도 빵과 술은 항상 인류와 함께였기에 맥주에 관심을 가지고 이 분야에 뛰어들었습니다. 김무경 헤드 브루어 역시 제품을 직접 만들고 싶다는 생각에 홈브루잉으로 맥주를 양조하던 취미를 넘어, 유학을 선택합니다. 이후 스페인과 국내 다른 양조장에서 경험을 쌓고 버블 케미스트리에서 함께하고 있습니다.

버블 케미스트리는 이름 그대로 과학적인 방법으로 맥주를 만들고 개선합니다. 인터뷰를 위해 방문했을 때 살짝 들여다본 연구실은 전문적인 과학 실험실을 떠올리게 했습니다. 조준휘 대표는 맥주를 양조할 때 가장 많이 사용하는 도구로 스프레드시트 프로그램을 꼽습니다. 맥주보다는 책상과 더 가까운 이 프로그램에 양조법과 온도, 재료의 투입 시기 같은 조합이 어떤 결과물을 만들어내는지 기록하고, 그중 하나를 조금 바꿔보고 결과를 확인합니다. 최고의 결과를 향한 끝없는 실험은 버블 케미스트리의 일상입니다. 이때 중요한 것은 다른 모든 요소는 동일하게 맞추고, 단 하나의 변화만 주고 검증하는 것입니다. 미세한 온도의 차이도 다른 결과를 만들어낼 수 있기 때문에 다양한 요소를 통제하는 것은 말처럼 쉬운 일이 아닌데, 버블 케미스트리는 이를 위해 열을 가하는 공정과 냉각이 필요한 공정을 층을 나누

국내외 다양한 수상 메달은 버블 케미스트리의 노력을 결과로 증명합니다

어 구분해 두었습니다.

버블 케미스트리가 반복하는 실험과 기록은 과거의 시간과 경험을 미래로 전달합니다. 어느 순간에도 '최종'이 아닌 더 나은 버전으로 나아가고 있습니다. 연중 생산하는 대표 맥주들이나 수상의 영예를 누린 맥주라도 예외는 없습니다. 200회를 넘게 양조한 맥주도 계속 조금씩 미세 조정을 하고 있습니다. '시간을 빨리 돌리거나 과거로 돌아갈 수 있는 초능력을 가진 분이 있는 것이 아닐까' 의심할 만큼 버블 케미스트리의 맥주에서 깊은 경험과 내공이 느껴지는 것은, 이렇게 빈번한 양조와 실험을 통해 시간을 압축적으로 활용했기 때문입니다. 2019년 시작한 버블 케미스트리의 맥주가 단기간에 놀라울 만큼 다양한 수상 경력을 자랑할 수 있었던 것도 이 덕분입니다.

버블 케미스트리의 맥주는 'easy and comfort쉽고 편하게'를 지향합니다. 실제로 버블 케미스트리에서 양조하는 다양한 스타일의 맥주는 공통적으로 좋은 음용성을 자랑합니다. 만들 때는 철저하게 과학과 계산에 의지하기에 복잡하고 어렵지만, 어떤 맥주보다 쉽고 편하게 즐길 수 있기를 바라며 모든 맥주를 편하고 쉽게 마실 수 있도록 양조하고 있습니다.

버블 케미스트리에서 빼놓을 수 없는 맥주는 단연 '미미사워' 입니다. 버블 케미스트리를 알리는 데 가장 크게 기여한 맥주로, 이름에서 쉽게 알 수 있듯 사워 맥주sour beer지만 날카롭고 강렬한 신맛이 아니라 편하게 마실 수 있도록 만들었습니다. 독특한 점은 양조장이 위치한 경기도에서 개발된 쌀 '참드림'을 이용했다는 점인데요. '미미'라는 이름에도 美米, 쌀이 포함되어 있습니다. 미미사워는 '크래프트 맥주는 로컬 푸드가 되어야 한다'는 생각을 바탕으로 만들었습니다. 각 나라를 대표하는 술을 보면 지리적 특성을 반영하거나, 현지의 풍부한 식재료를 활용한 것이 일반적입니다. 우리 재료로 만들 수 있는 맥주를 고민하던 차에, 한국에서 가장 익숙한 곡물인 쌀을 선택했습니다. 미미사워는 쌀은 물론, 사워 스타일 맥주에 필요한 추가 공정까지 있어 버블 케미스트리에서 가장 큰 노력이 필요한 맥주입니다. 동시에 많은 사람들이 기억하고 사랑하는 대표 맥주이기도 합니다. 물론 버블 케미스트리의 방법으로 계속해서 더 좋은 맛의 미미사워를 만들어내고 있습니다.

'콜드브루 스타우트coffee stout'도 버블 케미스트리가 지향하는 맥주의 방향이 잘 느껴지는 맥주입니다. 이 맥주는 카페에서 로스팅한 원두

버블 케미스트리에서는 어떤 스타일의 맥주도 가볍고 부담 없이 마실 수 있습니다

를 사용해 스타우트의 커피 맛을 강조했는데, 커피를 좋아하는 직원이 단골로 다니던 대전의 유명한 카페와 협업해 만든 결과입니다.

스타우트는 상대적으로 맛이 진하고 질감의 무게감이 느껴지기 때문에 편하게 마시기 어려운 맥주 스타일 중 하나로 꼽는 사람들이 많습니다. 그러나 콜드브루 스타우트는 무겁거나 진득하게 느껴지는 보통의 스타우트와 다르게 드라이하고 가벼워서 아침에도 마실 수 있는, 아메리카노 같은 커피 스타우트입니다.

제가 처음 버블 케미스트리를 만난 곳은 맥주 축제였는데, 그 이후에도 대부분의 맥주 축제에서 만날 수 있었습니다. 전국 각지에서 비슷한 시기에 열리는 많은 축제에 매번 참여하는 것이 쉽지 않을 텐데

꾸준히 참여하는 이유를 물었습니다. 조준휘 대표는 직접 만든 맥주에 대한 소비자들의 반응을 현장에서 듣고, 함께 즐길 수 있다는 점을 가장 먼저 들었는데요. 그런 경험을 항상 제공할 수 있는 버블 케미스트리만의 탭룸이 없다는 것도 큰 이유였습니다. 그러다 2024년, 한남동에 버블 케미스트리의 맥주를 만날 수 있는 탭룸을 팝업으로 운영하면서 아쉬움을 덜 수 있었습니다. 앞으로도 언제든 찾아갈 수 있는 버블 케미스트리의 공간이 문을 열기를 응원해 봅니다.

버블 케미스트리의 향후 계획이나 목표를 질문했을 때, 조준휘 대표는 긴 호흡으로 나아가고 싶다고 답했습니다. 오래전 수도사들이 맥주를 만들 때 수 세기가 지난 후에도 그 맥주가 사랑받으리라 예상하지는 않았겠지만, 그들이 한결같이 만들어낸 맥주에 오늘의 우리는 열광합니다. 버블 케미스트리도 너무 서두르지 않고, 처음부터 그랬듯이 원칙에 기반해서 정성껏, 세계적인 맥주를 만들고 싶다는 소망을 표했습니다. 다른 나라에 가서도 쉽게 만날 수 있는 한국의 맥주가 되었으면 좋겠다는 조준휘 대표의 바람이 이뤄지길 기대합니다.

시간이 흐른 뒤에야 가치를 인정받는 작품도 있지만, 과학이라는 타임머신으로 시간을 거스르는 버블 케미스트리의 맥주에게는 그만큼 오랜 시간이 필요하지 않으리라는 생각이 듭니다. 매번 조금씩 더 좋아지고 있는 버블 케미스트리의 맥주를 즐길 수 있는 오늘의 시간을 함께 보내고 있어서 행복합니다.

- **브랜드명**: 버블 케미스트리
- **브루어리명**: 에잇피플 브루어리
- **설립 연도**: 2019년
- **형태**: ■ 브루어리 □ 브루펍 □ 직영펍 □ 계약 양조
- **특징**: 과학을 기반으로 원칙에 충실한 맥주를 성심성의껏 만듦
- **주요 맥주 및 스타일**: 미미사워(사워 에일), 갤럭시버스트(오스트레일리안 IPA), 콜드브루 스타우트(커피 스타우트)
- **주소**: (브루어리)경기 남양주시 화도읍 재재기로190번안길 3
- **홈페이지**: bubblechemistry.com
- **인스타그램**: bubblechemistry_
- **페이스북**: bubblechemistry

BRIDGE _ 3

해가 진 뒤에도 햇살을 마실 수 있다면

엑스트라스몰 브루잉룸(XS Brewing-room) - 해질녘(Before Sunset) / 비프 칠리 프라이

소중한 주말과 연차들. 이날들을 하나같이 비껴간 일상의 평일입니다. 하루를 버텨낸 누군가와 같은 길을 걷고, 길고 긴 퇴근길을 밟아내다 보면 어느새 진짜 하루가 시작됩니다. 싱그러운 아침 맥주는 고사하고 시원한 점심 반주마저도 허락되지 않은 직장인의 고단함에서 다디단 해방의 시간으로 걸어가는 길, 도시의 건물들 사이 내려앉는 해를 바라보며 생각합니다. 오늘의 시작은 붉은 노을과 똑 닮아있는 맥주, '해질녘'과 함께해야겠다고요.

냉장고에서 해질녘 한 병을 꺼내 올려두고 시작을 잠시 미뤄봅니다. 차갑게 싸매어진 해질녘이 냉기에서 해방되어 살짝 풀어지면 그 이야기에 귀를 기울이기가 한결 쉬워질 테니까요. 이슬 맺힌 맥주병에 병따개가 올려지고 출격의 팡파르가 터트려지면, 발그레한 맥주는 구름 같은 거품들과 함께 그 모습을 드러내죠. 어느 별의 어린 왕자는 노을 감상을 위해 의자의 위치를 몇 번이고 옮겼다던데, 고맙게도 지구의 술꾼에겐 그런 작은 수고조차도 불필요합니다. 맥주 몇 병이면 언제든 노을을 일으키며 감상의 시간을 이어나갈 수 있거든요. 다가오는 밤을 영영 밀어내며 늦도록 저녁놀을 즐길 수 있는 우리들만의 타임 스톤이 바로 이 해질녘이 아닐까 싶습니다.

맥주에 맞닿은 거품들이 노을빛으로 서서히 풀려 내리면 꺼져든 공간에 남은 맥주를 마저 부어 채워봅니다. 잔이 가득 차도록 따른 맥주

거품은 구름이 되고, 구름은 해 질 녘으로 녹아나는 아름다운 푸어링(pouring)

에 거품이 어느 정도 사그라들면, 천천히 다시 따라 부드럽고 조밀한 거품이 차곡히 쌓이도록 합니다. 엑스트라스몰 브루잉룸의 김관욱 대표가 알려준 맛있는 해질녘을 완성하는 방법인데요. 여기에 비어버린 맥주병도 슬쩍 끼워두면, 파스텔톤의 하늘색 레이블이 꼭 희미해져 가는 저녁 하늘빛처럼 느껴져 맥주 감상의 깊이를 더해줍니다.

'그날 술주정뱅이에게서 해질녘을 소개받았었더라면….'

'어린 왕자'를 읽으며 술주정뱅이를 이해할 수 없었던 어린이는 결국 술꾼을 닮은 어른으로 커버리고 말았습니다. 하지만 어린 왕자는 몰랐을 겁니다. 그가 내도록 보고팠던 해 질 녘이 이 작은 유리잔에 넘치도록 들어차 있음을요. 그리고 한심한 술꾼의 모습을 가진 어른은 이 한 잔에서 행복을 찾습니다.

잔에 담긴 해질녘 속 구름의 향은 향긋한 시트러스입니다. 여타 IPA들처럼 과감하거나 화려하지 않고 노을빛처럼 부드럽게, 그리고 천천히 흩뿌려집니다. 오렌지 나무 그늘에 떨어진 과실 두엇을 손에 들고 하나둘 피어난 들꽃 향기들을 맡아보는 상상을 해봅니다. 그리고 파릇한 잔디를 부드럽게 손으로 쓸어보죠. 이런 평화로움을 현실화한다면 해질녘 한 잔이 손에 쥐어져 있지 않을까요? 코끝의 향이 가슴 가득 품어지면, 시골 풍광을 바라보며 오렌지 조각을 한 입 베어 무는 듯한 잔잔한 행복감이 피어오르기 시작합니다. 맥주는 아직 마시기도 전인데, 바쁘고 지쳤던 하루는 이미 위로받고 있는 듯합니다.

향의 손길은 이내 맥주를 입술 앞으로 안내합니다. 맛에 앞서 입안을 감는 부드러운 질감이 인상적으로 다가오는데요. 소담한 향을 앞세우며 입안을 보드랍고 둥글게, 마치 아기의 볼 비비듯이 비벼오는 맥주입니다. 조심스레 다가와서는 오렌지 빛깔 맛이 나는 상큼함을 한 스푼, 솔잎이나 푸른 풀의 싱그러운 맛도 한 스푼, 씹을수록 단맛이 물들어 오는 곡물의 풍미 한 스푼, 나긋하게 다가오는 홉의 쌉싸래함까지 한 스푼 혀 위에 올려두고 살며시 퇴장합니다. 입안에서 느껴지는 맛들이 꼭 이름처럼, 해 질 녘께에 퍼지는 낮은 햇살 같네요. 힘차게 시작하는 아침 햇살, 당당하게 비추는 정오의 햇살도 아름답지만, 이렇게 낮추어가며 퍼뜨려지는 햇살도 결코 그에 뒤지지 않습니다. 헤어짐이 예고된 슬픈 빛깔이지만 평범한 일상엔 어쩐지 훨씬 더 와닿는 아름다움이기도 하고요. 이 맥주처럼 말이죠.

해질녘의 맥주 스타일인 IPA는 사실 호불호가 좀 있을 수 있는 스타일입니다. 한때는 워낙 경쟁적으로 IBU International Bitter Unit, 맥주의 쓴맛을 나타내는 척도 수치에 집착하며 양조되기도 했었고, 그에 따라 그 씁쓸함에 진저리를 치는 분들과 '조금 더'를 외치며 열광하는 분들이 뚜렷하게 갈릴 만큼 개성이 강한 스타일이죠. 하지만 김관욱 대표는 누구나 편안하

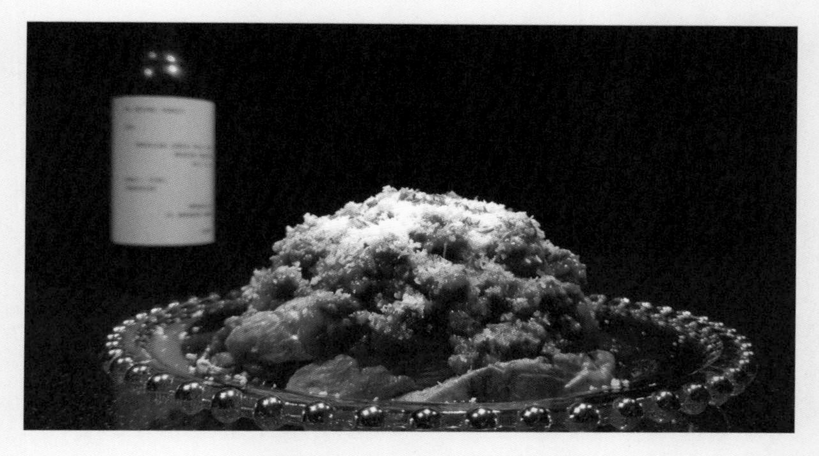

해질녘에게 좋은 친구가 되어줄 비프 칠리 프라이

게 즐길 수 있는 IPA를 만들고 싶었다고 해요. 엑스트라스몰 브루잉룸이 추구하는 키워드인 편안함과 자연스러움을 기대하면서요. 그리고 이 해질녘은 어쩜 이렇게 꼭 맞는 IPA가 있을까 싶을 만치 걸림 하나, 질림 하나 없이 은은함을 뽐내며 입안을 지나갑니다.

해질녘을 마시며 안주로 준비해 둔 비프 칠리 프라이를 들어봅니다. 부러 프렌치프라이로 채 썰지 않고, 웨지 형태로 크게 크게 썰어내 구운 감자입니다. 포실한 감자의 식감이 해질녘의 조심스러운 감성과 잘 어울리는데요. 비프 칠리는 어느 IPA와 먹어도 실패의 가능성이 덜한 안주이기도 합니다. 그래서인지 해질녘의 탄생 요람인 엑스트라스몰 브루잉룸에서도 이 맥주와 꼭 맞춘 듯한 비프 칠리 나초를 선보이고 있습니다. 바삭하고 고소한 나초와 비프 칠리, 거기에 해질녘 한 잔이라면 그 궁합이야 말할 것도 없겠고, 질감의 대비도 꽤 재미있는 감상 포인트가 되지 않을까 싶은데요. 그 외에 커리와도 참 잘 어울리는 궁합을 보여준다고 합니다. 때문인지 근처 커리 가게에서는 해질녘 맥주가 그렇게 인기라고도 하고요.

한 잔을 다 비워 꽤 친해진 해질녘은 쉽게 자리를 뜨도록 허락하지 않습니다. 미리 꺼내두어 마시기 딱 좋은 온도의 해질녘, 한참이나 남아있는 비프 칠리 프라이가 눈앞에 있거든요. 어린 왕자에게 훈수도 둔 마당에 이를 포기하고 또 한 번의 노을 감상을 지나쳐버린다는 건, 앞서 마신 해질녘에 대한 무례가 아닐까 싶습니다. 아마 여러분들이었다 해도 별반 다르지 않으셨을 겁니다. 맥주가 되었든 사람이 되었든, 동행이 즐거운 이와 함께하길 바라는 건 인간의 본성이니까요. 오늘 밤은 작정하고 해질녘를 보고 또 보며, 켜켜이 우정을 쌓아가 볼까 합니다.

앙코르 된 해질녘의 노을빛은 여전히 아름답습니다. 수많은 해 질녘들이 지난 지금, 어린 왕자도 이젠 어른이 되지 않았을까요? 드디어 어른이 된 왕자는 어쩌면 술꾼 아저씨를 부러워하고 있을지도 모르겠습니다. 바라봄을 넘어서 해질녘을 콧속 깊이 들이켜고, 머금어 느껴도 보고, 연신 맛보며 하염없이 취해갈 수 있으니까요. 혹자들이

보기에는 술주정뱅이의 매일과 별반 다를 바 없을는지도 모르겠지만요. 그래도 그처럼 부끄럽지 않다 자신할 수 있는 건, 아마도 이 한 잔에 담긴 의미들 때문일 겁니다. 어린 왕자가 장미를 사랑했던 이유처럼 엄청나게 대단하거나 아름답지 않아도, 해질녘 한 잔을 마주할 때마다 커져버리는 애정 같은 것들 말입니다.

오늘 밤만큼은 끝없는 노을로 채워가야 할 것 같습니다. 해가 없는 세상에서 해질녘을 맛볼 수 있고, 부끄럽지 않음에 만족하며 재차 맥주잔을 드는 술꾼의 해 질 녘이 밤새 무르익어 갈 수 있게 말이죠.

맥주 정보

- **맥주명**: 해질녘Before Sunset
- **브루어리**: 엑스트라스몰 브루잉룸XS Brewing-room
- **맥주 스타일**: IPA
- **시음평**: 잔잔한 화사함을 가진 부담스럽지 않은 데일리 IPA
- **페어링과 그 밖의 추천 페어링**: 비프 칠리소스를 곁들인 나초, 커리, 새우 타코, 향신료가 듬뿍 들어간 이국의 요리

홉과 효모를 키우는 시골 회사원

김상웅 편

어라… 여기선 크래프트 맥주를… 못 마신다고요?!
농촌으로 이전한 직장! 평화롭던 맥주 라이프 안녕. 선택지는 단 하나였습니다.
직접 키운다. 직접 만든다!
그리하여 마당엔 홉이 자라고, 부엌에선 맥즙이 끓고, 식탁에선 효모가 테라포밍을 하고 있습니다. 친구들은 말합니다. "그냥 사 마셔…."
최초의 코믹 맥주 교양툰 《용BEER천가》를 썼습니다. 이곳에도 좋은 크래프트 맥주 펍이 생기길 바라며 이 책에 참여했습니다.

편안한 변주! - 브루어리 304

양조는 예술이다! - 강릉브루어리 바이 현

강원도의 농산물을 응원합니다! - 감자아일랜드

맥주도 전통이 될 수 있을까요? - 안동맥주

- 브릿지 4: 오직 나 홀로 그대 뒤를 따랐다오

편안한 변주!

- 브루어리 304 -

서울 서대문의 '브루어리 304'(이하 304)는 겉에서 보면 양조장이 있다는 생각이 들지 않을 만큼 아담한 공간에 자리하고 있습니다. 하지만 안으로 들어서면 사람이 직접 맥즙을 저어야 할 정도로 단순하면서도 견고한 양조 설비와 아늑한 홀이 옛 서울의 좁은 골목 풍경과 복고풍의 조화를 이룹니다.

서대문 인근 304 브루어리. 한때 이 골목에는 서대문 감옥에 수용되었던 이들을 옥바라지한 여관들이 있었고 304도 그런 여관을 개조한 건물에 들어서 있다

304의 1천 리터 규모 브루하우스. 브루하우스(Brewhouse)란 당화조와 끓임조가 배치된 주방과 같은 핵심 양조 설비다

304는 한국에서 크래프트 맥주의 열기가 한창 달아오르던 2013~2016년 사이, 2015년에 설립된 '2세대 브루어리' 중 하나입니다. 짧은 한국 크래프트 맥주 역사에서 비교적 초기의 양조장으로, 품질 좋은 맥주를 만드는 곳으로 잘 알려져 있습니다. 그러나 전통적인 스타일에 머무르는 것이 아니라, 개성 넘치는 맥주를 지속적으로 선보이며 독창적인 변화를 추구합니다. 이러한 304의 맥주는 완판될 정도로 인기가 많아 쉽게 구하기 어려운 경우도 흔합니다.

304의 맥주를 이끄는 중심에는 304의 초대 양조사이자 현 헤드 브루어인 민성준 양조사가 있습니다. 그가 처음 선보인 맥주는 지금도

(좌측) 블론드 에일 플루토 (우측) 헤이지 플루토

많은 팬을 보유한 대표 맥주, 블론드 에일 '플루토'였습니다. 상큼한 감귤 향, 꽃과 달콤한 꿀이 생각나는 마시기 편한 맥주인데 최근에는 이를 헤이지 스타일로 재해석한 '헤이지 플루토' 역시 큰 인기를 끌며 304를 대표하는 맥주로 자리 잡았습니다. 하지만 플루토와 헤이지 플루토를 제외한다면 304의 맥주 라인업은 늘 변화무쌍합니다.

"올드팬들을 위한 플루토를 제외하면, 고정된 맥주는 없다고 보시면 됩니다. 304가 사랑받기 위해서는 지속적인 재미를 더하는 것이 꼭 필요합니다. 그렇다고 여러 잔을 마실 수 있는 편안함을 놓쳐서도 안 됩니다. 예를 들어, 골든 에일 '빅웨이브'는 편안한 음용성과 적당한 재미를 동시에 제공하는 이상적인 맥주입니다. 품질은 기본이죠."

민성준 브루어가 예로 든 맥주가 빅웨이브라는 점이 흥미롭습니다. 영국의 골든 에일과 벨기에의 블론드 에일은 맥주 역사에서도 흥미로운 사례입니다. 두 맥주는 기존의 에일 스타일에 황금빛 색감과 탁월한 음용성을 갖춘 필스너의 매력을 접목하려는 시도에서 출발했습니다. 이런 변주를 거치며 골든 에일은 심지어 '영국식 블론드 에일'이라는 별칭을 얻을 정도로 두 맥주는 이상적인 하나의 균형점에 도달했습니다. 이런 맥락에서 블론드 에일은 '편안한 변주'를 추구하는 304의 철학을 담기에 가장 적절한 스타일이었다는 생각이 절로 들었습니다.

304의 양조 철학은 다른 맥주에서도 잘 드러납니다. 304에서 가장 대중적인 맥주 중 하나였던 '슈퍼 콜드 라거'는 최근에 드라이 호핑 필스너로 재탄생했습니다. 드라이 호핑 기법을 활용해 유럽식 노블홉의 허브 향을 강조하면서도, 필스너 특유의 부드러운 음용성에 고급스러운 향을 더했습니다. 또한 사용되는 홉의 종류도 주기적으로 변경하며 '변주 속 변주'를 이어가고 있습니다.

이제 304는 같은 레이블을 유지한 채, 매번 다른 스타일의 맥주를 선보이는 독특한 시도를 하고 있습니다. '고양이가 우주를 구한다' 프로젝트는 헤이지 IPA를 기반으로 매번 다른 스타일로 변주하여 출시하는 맥주 시리즈로, 맥주 애호가들이 다음에 등장할 '고양이'들을 기대하게 만듭니다.

고양이가 우주를 구한다

대기업에 비해 규모가 작은 크래프트 브루어리의 양조사는 단순한 술 제조자가 아닙니다. 직접 맥주를 만들 뿐만 아니라 마케팅, 생산, 구매, 재고 관리까지 담당해야 합니다. 이는 장인으로서의 큰 즐거움이자 동시에 쉽지 않은 도전이기도 합니다. 하지만 무엇보다 중요한 것은 연구자이자 기획자로서의 역할입니다.

'편안하지만 재미있는 맥주'라는 어쩌면 상반된 목표를 달성하기 위한 끊임없는 연구와 변주. 그 쉽지 않은 길을 묵묵히 걸어가는 304의 열정이야말로, 이곳을 특별하게 만드는 가장 큰 개성과 매력입니다. 서울의 오래된 골목에서, 편안함 속에 끊임없는 재미를 더하는 304의 맥주는 그래서 늘 기다려집니다.

- **브랜드명**: 브루어리 304
- **브루어리명**: 브루어리 304
- **설립 연도**: 2015년
- **형태**: □ 브루어리 ■ 브루펍 □ 직영펍 □ 계약 양조
- **특징**: 편안하지만 재미있는 맥주들의 변주
- **주요 맥주 및 스타일**: 플루토(블론드 에일), 고양이가 우주를 구한다(헤이지 IPA), 슈퍼 콜드 라거(필스너)
- **주소**: (브루펍)서울특별시 서대문구 통일로11길 7
- **홈페이지**: www.brewery304.com
- **인스타그램**: brewery304
- **페이스북**: brewery304

양조는 예술이다!

- 강릉브루어리 바이 현 -

강원도 강릉에는 대형마트를 통해 광역 유통을 하기도 하는 그 유명한 버드나무 브루어리가 있는 관계로 강릉의 브루어리 하면 버드나무를 떠올릴 분이 많이 계실 겁니다. 하지만 강릉에는 독특한 양조장이 하나 더 있습니다. 바로 '강릉브루어리 바이 현'(이하 강릉브루어리)입니다.

강릉브루어리는 강원도의 아름다운 경관과는 무관하게 어느 곳에나 있을 법한 평범한 주택가 골목길에 자리하고 있습니다. 하지만 이곳의 독창성은 장소가 아닌 맥주에 숨어 있습니다. 자연 발효! 놀랍게도 강릉브루어리는 도심 한가운데에 자리 잡은 자연 발효 양조장입니다.

이 브루어리의 맥주를 설명하기 전에 먼저 자연 발효즉흥 발효를 알 필

강릉브루어리 입구

요가 있습니다. 보통의 맥주는 당화 과정을 거쳐 만든 달짝지근한 보리 식혜Wort, 맥즙에 해당 맥주 장르에 가장 적합한 효모를 직접 접종한 후, 외부의 공기나 잡균과의 접촉을 차단한 폐쇄형 발효조 안에서 발효를 진행합니다. 잡균을 포함한 여러 성분이 침투해 생길 변수가 적어지고 품질 관리에 유리하기 때문입니다.

반면, 자연 발효 맥주는 양조장 전체를 커다란 발효조로 사용합니다. 인위적인 효모의 접종 없이 마치 넓은 욕조같이 생긴 개방형 발효조 '쿨쉽'에 맥즙을 담아두고 야생 효모와 잡균 가득한 공기에 오랜 기간 접촉하게 하거나, 일반 발효조의 뚜껑을 굳이 한껏 열어두고 애써 발효조 속 공기를 순환시키며 양조장의 미생물 환경에 기대어 발효를 진행하는 것입니다. 어떤 경우에는 아예 양조장의 창문을 열어두기도 하는데, 양조장 주변의 농장과 숲에서 불어오는 바람과 벌과 나비 같은 곤충이 배달한 풀과 꽃, 화분 속 야생의 효모와 미생물들이 고스란히 맥즙에 스며들어 발효를 돕습니다. 그 유명한 벨기에의 '람빅Lambic' 맥주를 포함한 매력적인 와일드 에일 상당수가 이런 자연 발효 맥주입니다.

브레타노미세스Brettanomyces와 같은 야생 효모와 젖산균, 초산균 그리고 어떤 음식에서는 부패균으로 분류되기도 하는 여러 미생물들의 균형과 협업이 바로 이 복잡한 풍미의 쿰쿰하고 시큼한 맥주를 만드는 비밀인 것입니다.

강릉브루어리 내부. 전형적인 브루펍의 구조지만 뚜껑이 열려 있는 발효조를 볼 수 있는 재미가 있다

체리를 활용한 크릭 와일드 에일

강릉브루어리의 맥주도 그와 같습니다. 발효조의 뚜껑을 한껏 열어두고 양조장과 그 운명을 같이합니다. 강릉브루어리에서 만들어지는 여러 자연 발효 맥주, 그중에서도 체리를 이용해 만든 시큼한 와일드 에일 크릭Kriek을 맛보았을 때는 정말이지 벨기에의 전통 크릭에 뒤지지 않는 감칠맛과 상큼함, 균형감을 제대로 느낄 수 있었고, 깊은 풍미에 비해, 깔끔하게 떨어지는 질감이 좋은 '멀베리 사워 에일'에서도 그야말로 숙련된 장인의 솜씨를 느낄 수 있습니다.

강릉브루어리 바이 현의 '현' 김상현 대표는 20년 이상 전통주 교육과 발효식품 연구에 매진해 왔습니다. 그리고 2017년, 마침내 자연 발효 양조장을 목표로 강릉브루어리를 설립했습니다. 하지만 자연 발효 양조장을 세우는 과정은 김 대표의 예상보다 훨씬 더 어려운 도전이었다고 합니다.

콘크리트로 뒤덮인 우리나라의 도심은 효모를 포함한 발효 생태계가 충분히 자리 잡기 어렵습니다. 그래서 강릉브루어리 초기의 자연 발효 맥주는 알코올의 생성이 부족하거나 효모가 만드는 향미를 온전히 갖추지 못하는 등의 어려움을 겪었습니다. 그럼에도 불구하고 김 대표는 포기하지 않았습니다. 발효 생태계를 구축하기 위해 오랜 기간 곶감이나 배 같은 지역의 재료를 활용해 양조를 반복하였습니다.

그 과정에서 서서히 발효 환경이 자리 잡기 시작했고, 반년 이상 걸리던 발효 기간이 몇 개월로 단축될 정도로 강력한 생태계가 형성되었습니다. 하지만 바이젠 같은 맥주들의 발효와 숙성이 채 2주가 안 걸리는 것을 고려한다면 그 몇 개월도 결코 짧은 기간이 아닙니다. 강릉브루어리의 맥주들은 그렇게 긴 시간과 함께 만들어집니다. 그리 보면, 자연 발효는 자연스러움이나 즉흥이라는 용어의 뜻과는 달리 정말이지 정교함과 인내가 요구되는 발효 형태입니다.

강릉브루어리는 전통주와 맥주 제조면허를 모두 가지고 있습니다. 앞서 언급했던 크릭과 같은 사워 에일들 외에도 별도의 공간에서 만드는 청주약주 역시 꼭 마셔볼 가치가 있습니다. 특히나 유자 청주는 마치 유자가 들어간 고제 맥주처럼 유자라는 재료가 거부감 없이 녹아들어 청주에 상큼함을 더했습니다.

다만, 사워나 와일드 계열이 아닌 강릉브루어리의 맥주들, 예컨대 페일 에일이나, 바이젠, 블랙IPA, 임페리얼 스타우트 등 대중적인 장르는 BJCPBeer Judge Certification Program, 맥주 심사를 위한 미국식 분류 체계로는 해석하기 어려운 난해함이 느껴졌습니다. 그조차 자연 발효로 만들어졌기 때문입니다.

왼쪽부터 하트하트 페일 에일, 멀베리 사워 에일, 블랙 IPA, 유자 청주

“제가 추구하는 양조는 사업보다는 예술에 가깝습니다. 돈을 벌기보다 제가 하고 싶은 것을 하려고 합니다.”

양조가 예술이라니! 자연 발효 맥주만큼이나 어렵게 들립니다. 하지만 강릉브루어리의 맥주를 마시면서 김상현 대표가 의미하는 바를 조금은 이해할 수 있을 것 같았습니다.

양조는 예술이며, 양조가는 예술가다! 예술은 이해가 아닌 공감과 감성의 영역입니다. 강릉브루어리에는 BTS의 지민, 슈가, 정국이 방문해 맥주 시음과 양조 체험을 하고 간 적이 있습니다. 특히 블랙 IPA를 아주 만족스럽게 즐겼다고 하는데, 아티스트는 역시 아티스트와 통하는 것일까요?

예술을 추구하는 김상현 대표. 그의 커다란 팔레트인 강릉브루어리. 그 속에서 맥주를 그리는 물감이자 붓인 그의 효모와 미생물들은 과연 얼마나 더 다양해지고 어디까지 성장할 수 있을까요? 강릉브루어리가 선보일 다음 맥주들이 더욱 궁금해지는 이유입니다.

- **브랜드명**: 강릉브루어리
- **브루어리명**: 강릉브루어리 바이 현
- **설립 연도**: 2017년
- **형태**: □ 브루어리 ■ 브루펍 □ 직영펍 □ 계약 양조
- **특징**: 도심 속의 자연 발효, 와일드 맥주 양조장
- **주요 맥주 및 스타일**: 멀베리 사워(사워 에일), 바질 사워(사워 에일), 페일 에일
- **주소**: (브루펍)강원도 강릉시 율곡초교길11번길 9
- **인스타그램**: gangneung_brewery

강원도의 농산물을 응원합니다!

- 감자아일랜드 -

2022년 대한민국맥주산업박람회KIBEX에서 관람객들 사이에 큰 반향을 일으킨 맥주가 하나 있었습니다. 바로 춘천 '감자아일랜드 브루어리'의 '토마토로 고제'였습니다. 고제는 독일 고슬라 지역에서 유래한 맥주로, 은은한 짠맛과 시큼한 고수 향이 어우러진 샴페인처럼 밝고 드라이한 스타일이 특징입니다.

신 맥주인 고제에는 원래 과일이 잘 어울립니다. 레몬, 유자, 라임 같은 시트러스 계열이나, 베리류, 사과, 복숭아 등과 어우러지면 마치 과일 에이드처럼 상큼한 맛을 냅니다. 여기서 더 나아가 의외의 재료를 사용하기도 하는데 바로 양배추나 토마토 같은 채소입니다. 토마토를 활용한 감자아일랜드의 토마토로 고제 역시 그렇게 채소를 활용하면서 박람회 관람객들에게 이색적이면서도 맛있는 맥주라는 인상

감자아일랜드의 양조장 전경

을 남기는 데 성공했습니다.

강원도의 농산물을 사용해 맥주를 만드는 감자아일랜드의 시작은 다소 엉뚱한 계기에서 비롯되었습니다. 강원대 독어독문학과 선후배인 김규현, 안홍준 대표는 대학 창업 강좌에서 한 가지 아이디어를 떠올립니다.

'독어독문학과니까 맥주! 강원도니까 감자!'

이렇게 탄생한 '감자 바이젠'은 강원도의 농산물을 활용하는 좋은 취지와 사업 가능성을 인정받아 학내 창업경진대회에서 우승을 차지했습니다. 흥미로운 점은, 이 맥주가 그리 맛있지 않았다는 것입니다. 창업 당시, 현재 감자 아일랜드의 양조를 맡고 있는 허주영 양조사에게 동료가 될 것을 제안하며 감자 바이젠을 맛보게 했을 때 그의 첫 반응은 이랬습니다.

"이런 건 맥주가 아니야! 이런 건 만들면 안 돼!"

그러나 결국 허 양조사는 감자아일랜드의 동료가 되었습니다. 감자아일랜드는 2020년 정식 설립 이후 2021년부터 본격적인 맥주 생산을 시작하면서, 단, 2년 만에 '토마토로'로 KIBEX에서 주목받는 성과를 이뤄냈습니다. '강원도의 농산물을 활용하겠다'는 대학생들의 패기 그리고 다양한 산학협력과 연구 끝에 얻은 결실이었습니다.

사실, 맥아나 홉 같은 주재료 외에 감자와 같은 부재료는 양조사들에게 어려운 숙제를 안길 때가 많습니다. 특히나 감자는 맥주 양조에서 다루기 까다로운 재료입니다. 먼저, 전분을 분해하는 효소가 거의 없어 추가적인 효소 처리가 필요한 데다, 단백질과 녹말, 식이섬유의 함량이 높아 비릿한 이취를 만들며 질감과 발효 과정에도 악영향을 끼칠 수 있습니다. 그럼에도 감자아일랜드는 포기하지 않고, 여러 연구소와 협업하며 결국 훌륭한 감자 맥주를 만들어냈습니다.

"감자아일랜드는 단순히 맛있는 맥주를 만드는 것이 목표가 아닙니다. 지역 농산물을 활용한다는 취지가 있어야 감자아일랜드의 존재의미가 있습니다!"

감자아일랜드의 맥주들

안홍준 대표의 말처럼, 감자아일랜드는 감자뿐 아니라 강원도 농산물 전반을 활용하는 다양한 실험을 진행 중입니다. 영월 팥을 사용한 '단팥 맥주스타우트'부터, 같은 지역의 사과를 넣어 만든 '쥬시 애플프룻 비어', 홍천 옥수수로 만든 '옥수수 맥주멕시칸 라거', 춘천 복숭아가 들어간 '말랑 피치사워 에일', 최근에는 '당근 맥주사워 에일'까지 등장했습니다.

양조장에서 인터뷰를 마친 후, 감자아일랜드의 첫 직영펍 춘천 온의점을 방문했습니다. 트렌디한 도넛 가게 같은 분위기에, 맥주뿐만 아니라 맥주와 좋은 페어링을 이루는 음식들이 눈길을 끌었습니다. 감자 맥주와 특히 잘 어울렸던 '감자 둥둥섬'이나, 옥수수 맥주와 잘 어울렸던 춘천 닭갈비 피자는 '강원도라는 라임을 맞추었구나' 하는 선입견을 깨고 그 자체로 기억에 남을 만한 요리였습니다.

"많은 고객이 편히 즐길 수 있는 맥주와 개성 있는 음식을 제공하는 것이 중요합니다. 감자아일랜드는 맥주와 음식, 공간을 아우르는 외식 콘텐츠로 성장하고 싶습니다."

맥주 스타트업, 감자아일랜드는 서울에 팝업 스토어를 열기도 하는 등 외식 콘텐츠 브랜드로 성장해 나가고 있습니다. 어떤 농산물이 들어가 있건 그들의 맥주엔 한 가지 공통된 재료가 있는 듯합니다. '젊음'이라는 재료 말입니다.

- **브랜드명**: 감자아일랜드
- **브루어리명**: 감자아일랜드
- **설립 연도**: 2020년
- **형태**: ■ 브루어리 □ 브루펍 ■ 직영펍 □ 계약 양조
- **특징**: 강원도의 농산물을 활용하는 양조장
- **주요 맥주 및 스타일**: 감자 맥주(페일 에일), 단팥 맥주(스타우트), 토마토로(고제)
- **주소**: (브루어리)강원 춘천시 사우로 163 1층
  (직영펍)강원 춘천시 방송길 77 상가동 1층 1310호
- **인스타그램**: gamja_island
- **페이스북**: gamjaisland

맥주도 전통이 될 수 있을까요?

- 안동맥주 -

경상북도 안동. 유네스코 세계문화유산으로 등재된 하회마을, 여러 서원과 종택 등 유서 깊은 양반 문화와 안동소주가 떠오르는 안동에는 대표 크래프트 맥주가 하나 당당히 자리 잡고 있습니다. 바로 '안동맥주안동 브루잉 컴퍼니'입니다. 맥주 애호가들이 믿고 마시는 맥주를 내놓는 곳입니다.

2016년 안동 시내의 작은 1층짜리 상가 건물에 문을 열었다가, 2019년 하회마을과 병산서원이 인근에 자리 잡고 있는 이곳 풍산으로 자리를 옮겼습니다.

안동맥주는 자타공인 프리미엄 맥주들과 사워 에일로 명성이 자자합니다. 2022년에 출시한 '석복'은 그런 안동맥주의 특징을 잘 보여주는 맥주입니다. 병의 외관이나 이름만 보면 전통의 고장 안동다운

안동맥주의 프리미엄 맥주들을 담고 있는 발효조와 오크통

한국 전통주처럼 보이지만, 그 속에는 독일 고슬라 지역의 신맛 향토 맥주인 고제 스타일이 담겨 있어 색다른 재미를 선사합니다.

반전은 여기서 끝나지 않습니다. 고제 스타일의 맥주에는 보통 코리엔더나 허브류, 스파이스가 첨가됩니다. 이런 향의 조합이 고제를 단순한 신맛의 맥주가 아닌 깔끔한 식후 디저트 맥주로 만들어주는 핵심 요소입니다.

석복에는 경상도의 식문화에서 독특한 위치를 차지하는 전통 허브인 방아잎이 들어가 있습니다. '코리안 민트'라고도 불리는 방아잎은 맥주에 잘 녹아들어 부드러운 신맛과 어우러지며, 특유의 알싸하고 청량한 민트 향을 더합니다. 덕분에 석복은 어느 음식과도 훌륭하게 페어링할 수 있는 완성도 높은 디저트 맥주로 탄생했습니다.

안동맥주의 로고는 조선 시대 민화 김득신 화백의 〈야묘도추〉 속 고양이를 모티브로 했습니다. 그리고 이 로고 속 고양이를 닮은 식객 고양이 '은별이'의 이름을 딴 맥주 '은별' 역시 흥미로운 맥주입니다. 은별은 단순한 벨기에식 스트롱 에일, 트리펠Tripel이 아닙니다. 여기에 브레타노미세스Brettanomyces라는 야생 효모를 가미한 브렛 트리펠Brett Tripel입니다.

안동맥주 프리미엄 라인. 왼쪽부터 석복(고제), 복슬(트리펠), 은별(브렛 트리펠)

황금빛 외관에 살구나 배 같은 과일 향, 정향, 후추 같은 스파이스 노트가 조화를 이루는 트리펠의 전형적인 특징을 갖추고 있지만, 브렛 효모가 더해지면서 독특한 쿰쿰하고 깊은 풍미를 만들어냅니다. 사실 브렛 효모가 만드는 와일드 맥주 특유의 젖은 가죽 같은 향은 맥주 입문자들에게 다소 생소할 수 있지만, 은별은 트리펠의 화사한 성격 속에 브렛의 개성을 은은하게 녹여 와일드 맥주 입문용으로도 손색이 없는 균형 잡힌 맥주입니다.

안동맥주는 사워 에일이나 고도수 에일이 중심이 되는 프리미엄 라인 외에도, 연중 생산하는 '이어라운드 맥주'와 특정 시즌에만 만날 수 있는 '시즈널 맥주'를 함께 선보이고 있습니다.

마시기 편한 이어라운드 맥주 중에서도 단연 추천하고 싶은 맥주는

안동맥주의 이어라운드(연중 생산) 라인. 왼쪽부터 홉스터 IPA, 안동라거(엠버 라거), 안동골든에일

한국 크래프트 라거의 클래식 '안동라거'입니다. 안동맥주의 대표적인 연중 생산 맥주로, 엠버 라거 스타일입니다. 맑은 구릿빛 외관에 은은한 캐러멜 단맛이 매력적이며, 부드럽고 깔끔한 마무리를 자랑합니다.

'홉스터 IPA' 역시 오랜 팬층을 보유한 맥주로, 웨스트 코스트 IPA 스타일입니다. 선명한 시트러스 아로마와 자몽, 솔 향이 부드러운 바디와 균형을 이루며 언제 마셔도 자연스럽고 깔끔한 느낌을 줍니다.

때때로 등장하는 시즈널 맥주들도 눈여겨보았으면 합니다. 드라이 호핑 기법을 사용한 필스너, '필스 베르데'는 특히나 대단합니다. 시트러스나 열대과일 노트가 지배하는 미국식 홉들과 달리 유럽계 홉에서 나오는 꽃, 풀, 허브 향이 균형 있게 퍼지며, 마치 숲속을 거니는 듯한 느낌을 줍니다. 홉스터 IPA와 함께 마시면 미국식 홉과 유럽식 홉의 차이를 더욱 흥미롭게 경험할 수 있습니다.

하지만, 안동이라는 지역적 특색을 가장 잘 담아낸 맥주는 단연 '오드아이'입니다. 안동의 밀과 생강을 넣어 만든 이 맥주는, 위트 비어 특

경북의 다양한 맥주를 마실 수 있는 크래프트 펍, 안동가옥. 안동시 문화 광장길 16-7 소재

유의 레몬 같은 상큼함과 지역 특산물이 조화를 이루며 안동의 정체성을 더욱 강조합니다. 오드아이는 관광도시 안동의 여러 기념품 가게에서 쉽게 찾아볼 수 있을 정도로 안동을 대표하는 특산물 같은 맥주로 자리 잡았습니다.

안동에는 하회마을이나 도산서원 같은 관광지뿐만 아니라, '안동'이라는 이름이 붙은 음식들이 유독 많습니다. 안동찜닭, 안동 간고등어, 안동소주처럼 '안동'이라는 지역명이 하나의 스타일을 대표하고 있습니다.

그렇다면, 언젠가 우리의 맥주도 전통이 될 수 있을까요?

전통이 가득한 도시 안동, 그 속에서 지역적 정체성과 실력으로 '로컬 맥주'란 무엇인지 보여주는 안동맥주. 안동소주가 전통 소주의 대명사가 되었듯, 안동맥주 역시 맛있는 로컬 맥주의 대표 주자로 자리 잡아가고 있습니다.

- **브랜드명**: 안동맥주
- **브루어리명**: 안동 브루잉 컴퍼니
- **설립 연도**: 2016년
- **형태**: ■ 브루어리 □ 브루펍 □ 직영펍 □ 계약 양조
- **특징**: 지역적 정서를 담아내는 새로운 맥주들
- **주요 맥주 및 스타일**: 안동라거(앰버 라거), 홉스터IPA(IPA), 석복(GOSE)
- **주소**: (브루어리)경상북도 안동시 풍산읍 괴정2길 98
- **인스타그램**: andongbrewing
- **페이스북**: andongbrewing

BRIDGE _ 4

오직 나 홀로 그대 뒤를 따랐다오

강릉브루어리 바이 현(Gangneung Brewery) - 펑키 멀베리 사워(Funky Mulberry Sour)
/ 하몽 콘 멜론

덥다며 투정을 부리기에는 다소 애매한 초여름의 밤입니다. 열어둔 창으로 아직 여물지 못한 여름 공기가 살랑살랑 느껴지는데요. 제법 견딜 만한 가느다란 더위임에도, 굳이 창을 닫고 냉방기기를 작동시켜 가며 시작되는 여름을 꼭꼭 숨겨 봅니다. 시원한 공기가 테이블 위까지 밀려들면, 기다렸다는 듯 집어 들게 되는 건 역시나 술입니다. 얼핏 와인처럼도 보이는 750밀리리터의 크고 묵직한 맥주 한 병. 누군가에겐 부담이 될 수도 있겠지만, 맥주 욕심이 목까지 차오른 누군가에겐 오히려 신나는 만족감일 겁니다. 이 듬직한 중량이 여간해서는 맛보기 힘든 귀한 맥주에서 비롯된 것이라면 더더욱이요. 한여름으로 향하는 길목에서, 그 시작을 밝혀줄 이 맥주의 이름은 강릉브루어리의 펑키 멀베리 사워입니다.

병따개를 들고서 보물을 캐낼 준비를 합니다. 사워sour 스타일의 맥주를 따고 있노라면, 잘 기억도 나지 않는 하루를 헤집어 뭐라도 기념해야만 할 것 같은데요. 와인을 좋아하는 이들이 축배로 샴페인을 든다면 맥주쟁이들은 아마도 이 사워 맥주를 마시며 축하의 기쁨을 만끽하지 않을까요? 새콤 상큼한 데다 달콤하기까지 한 향과 맛, 오밀조밀 입안에서 터져 나오는 탄산. 기존에 마시던 맥주병들과는 차별화된 아름다운 외관이 샴페인과 사워 맥주는 지키고 있어야 할 자리가 비슷할 듯 보이거든요. 그런데도 불구하고 샴페인은 알지만, 사워 맥주를 아는 이들은 그리 많지 않다는 점이 맥주를 사랑하는 사람으로서는 참 아쉬운 일입니다. 사워 맥주도 샴페인과 마찬가지로 사람들

병에서 해방되어 보석 같은 한 잔으로 깨어나고 있는 펑키 멀베리 사워

의 환호를 받는 날이 올까요? 저 같은 이들의 아쉬움이 희미해지는 날이 오면 펑키 멀베리 사워로 축배를 들어야겠습니다. 그리고 그날의 완벽함을 위해 축배의 리허설을 시작해 볼까 합니다.

잔 바닥에서부터 붉은 맥주가 차오릅니다. 빈 잔에 커다란 루비를 두엇 집어넣고 열심히 손목을 휘휘 돌려대면, 마술사의 그것처럼 펑- 하고 펑키 멀베리 사워가 한 잔 가득 들어차 있을 것 같은데요. 좁은 병 입구에서 떨어지는 맥주 줄기의 낙차는 핑크색 거품이 되어 잔 입술을 보그르르 채워옵니다. 도톰히 오른 거품들은 쓸려 내려가는 파도 거품처럼 타닥타닥 귓가를 두드리면서 이내 사라져 버리죠. 아름다운 거품을 잠시밖에 감상할 수 없어 조금은 아쉬운 마음이 들다가도, 모습을 드러낸 맥주가 또 다른 기대들로 다가와 아쉬움 역시 거품처럼 사그라들고 맙니다.

걷힌 거품 아래로 체리, 레몬, 라임과 같은 새콤한 과일들의 향, 은은하게 깔리는 부드러운 단 향, 쿰쿰하고 펑키한 브렛 뉘앙스가 약하게 흘러나옵니다. 잔에서부터 풍겨온 신 향이 콧속을 꽉 차게 방문해 입안을 봄비처럼 촉촉하게 젖어 들게 하는데요. 아페리티프식전주로 마셨더라도 더할 나위가 없었을 뉘앙스입니다. 이 때문에 강릉브루어리의 김상현 대표도 식전 단독으로 마시는 걸 즐긴다고 이야기한 것인가 봅니다.

때론 날이 바짝 서 있는 신맛 덕에 흠칫 놀라게 되는 사워 맥주들과는 달리, 펑키 멀베리 사워는 과하지 않은 새큼함을 가지고 있습니다. 어릴 때 즐겨 먹었던 새콤한 신맛 캔디처럼 기분을 들뜨게 하는 경쾌함입니다. 반짝이는 산미에 오디의 단맛이 부드럽게 감싸져서 전체적인 맛들이 균형감 있게 흘러가는데요. 외에도 감식초에서 느껴질 법한 감칠맛과 풍미들, 조심조심 얌전하게 다가오는 브렛들을 발견할 수 있습니다. 벨기에의 사워 맥주들이 탄탄한 배경과 출신으로 자신감 넘치게 다가오는 유럽 귀족 아가씨들 같다면 펑키 멀베리 사워는 곱게 맨 붉은 옷고름 아래로 개화기 신여성의 발칙함을 슬쩍 숨겨둔 듯한 별당 아씨입니다. 잔에서부터 코와 입을 두드리기까지의 발걸음이 당당하고 곱습니다. 완벽함을 자랑하는 이들에게서 조급함 따위는 찾을 수 없듯, 자신감에서 오는 여유 같달까요. 맥주가 내딛는 걸음을 쫓는 눈길이 어지럽지 않아 참 좋습니다.

펑키 멀베리 사워는 부재료로 뽕나무 열매인 오디를 사용했는데요. 비교적 흔히 마셔볼 수 있었던 사워 맥주들인 크릭부재료: 체리, 프람부아즈부재료: 라즈베리, 뻬슈부재료: 복숭아 등과 달리, 펑키 멀베리 사워가 유난히 더 매력적으로 다가오는 건 이 오디의 향과 맛 때문일 겁니다. 새큼함이 두드러지지 않는 오디의 잔잔함이 과히 독보적인 개성을 뽐내거든요. 오디의 단맛은 맥주에 곱게 스며 꾸준하게 나타나는데, 햇살을 담뿍 받아낸 땅에서 따스하게 오르는 온기처럼 은은합니다. 조금 거만하게 모습

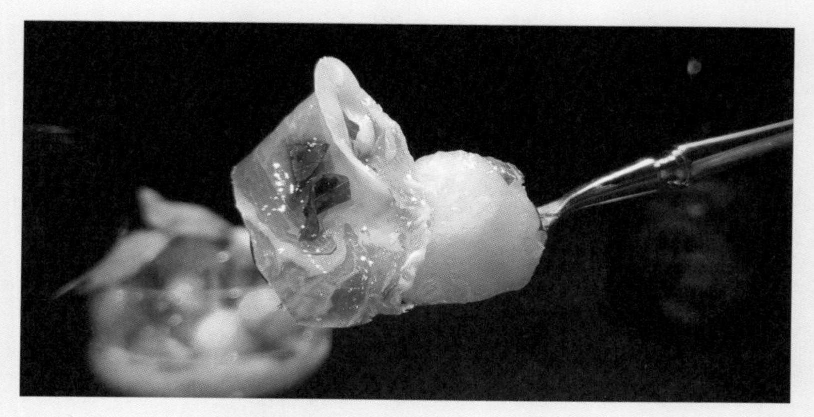

펑키 멀베리 사워의 이란성 쌍둥이를 만나는 듯한 하몽 콘 멜론

을 드러내거나, 되레 너무 싸매어놔 곰곰 지켜봐야만 하는 단맛이었다면 좀 재미가 없었을지도 모릅니다. 산미만을 느끼며 그저 목구멍으로 넘겨버리기엔 참 예쁜 달콤함입니다.

맥주에 맞춰 준비한 하몽 콘 멜론은 어쩐지 같은 그림체로 그려진 친구를 보는 것만 같은데요. 짭조름한 하몽이 펑키한 맥주의 풍미를 잘 받쳐주고, 화이트 와인 식초의 신맛과 꿀의 단맛, 과일들의 신선함에서 비슷한 모습들을 많이 발견할 수 있기 때문입니다. 쿰쿰함과 짭짤함이 혀 위에 한 겹 스미면 리코타 치즈와 올리브 오일이 한 바퀴 둘러싸인 풍미들을 싹싹 정리해 다음 잔을 부추기는 환상적인 궁합을 자랑합니다. 사워 맥주의 페어링 안주로 대표적인 예를 제시해 본다면 치즈 케이크나 생크림 케이크, 자허 토르테, 초콜릿 등 부드럽고 달콤한 안주들이 떠오를 텐데요. 물론 이런 디저트류들도 펑키 멀베리 사워와 잘 어울리겠지만, 맥주를 마시다 보면 또 의외의 페어링이 재밌는 법 아니겠습니까. 강릉브루어리의 김 대표는 펑키 멀베리 사워의 페어링으로 생선 지리를 추천했습니다. 달고 상큼한 맥주와 속이 쑥 내려가는 해장 음식의 만남. 시도해 본 적도, 상상해 본 적도 없어 호기심이 적잖이 드는 조합인데요. 다음 펑키 멀베리 사워는 복집으로 가져가, 시원한 복 지리 한 대접에 이 맥주를 마셔봐야겠다는 생각이 드네요. 또 다른 미식의 세계을 경험하기 위해서라도 부디 제 지갑이 좀 더 튼튼해지길 기대해 봅니다.

두 잔쯤 잔을 비우고 나면, 맥주를 묶어두던 냉기가 조금씩 풀어지면서 섬세한 매력들이 조금 더 깊게 혀를 어루만져 오기 시작합니다. 산미는 겹겹이 쌓이다 언제 들어왔었냐는 듯 푹 젖은 가죽과 같은 쿰쿰함을 입안에 가득 남겨두고 떠납니다. 처음부터 부담스럽게 돌격해오지 않고, 차분하게 걸어와 시간을 들여 젖어 들게 하는 모습이 마음에 드네요. 하몽 콘 멜론의 바닥에 깔린 치즈를 한 숟갈 떠서 입에 넣으면 아지랑이처럼 피어오르던 맥주의 잔향과 맛들이 저편으로 사라져 버리는데요. 브렛의 펑키함을 더 붙잡아 두지 못한 아쉬움과 미련은 맥주 한 모금으로 다시 채워집니다. 비움과 채움을 반복하며 내뿜어지는 숨결에 드디어 짙은 가죽 향이 느껴지기 시작하면 커다랗게만 보였던 맥주병도 어느새 다 비워져 가고 있습니다.

한 잔이 채 나오지 않을 듯한 남은 맥주는 김 대표의 제안처럼 얼음을 넣어 마셔보기로 합니다. 마치 과일을 걸러내 마시기 편해진 샹그리아와인에 과일을 넣어 만든 스페인의 칵테일 같은, 하지만 거기에 다른 매력들까지 얹어진 완벽한 여름 술이 되었습니다. 굳이 샹그리아를 만들지 않아도 되겠다는 생각이 들 정도로 톡톡하고 상큼합니다. 사워의 새큼함과 쿰쿰한 브렛이 그래도 좀 어색한 분들이라면 이렇게 얼음 몇 조각을 넣어 드셔도 좋을 듯합니다. 온도가 낮아져서 산미도 조금 덜 느껴지고 브렛도 깊게 들어오지 않아서 부담이 한층 덜해질 수 있거든요. 사워 맥주에 익숙한 분들이라면 이 얼음 사워가 또 다른 음용의 재미가 될 것 같습니다. 우아하고 경쾌하게 다가오는 시원함이 차갑게 들이켜는 캐주얼한 라거 못잖게 친숙하게 느껴지는 음용법입니다.

마지막 한 모금을 털어 넣어봅니다. 저녁이 밤이 되고, 밤이 새벽으로 향할 만큼 긴 시간을 함께했음에도 조금 더 붙잡아 보고픈 마음이 드는 건 취기 탓만은 아닐 겁니다. 넘치도록 행복한 날에 온 동네에 자랑하며 만나고 싶은 친구를 혼자 만끽해 버린 아쉬움, 쉽게 만나지 못할 이와 결국은 헤어져 버린 허무함이 남았기 때문이겠죠. 별당 아씨의 걸음을 쫓아 발자국 하나하나를 고스란히 밟아보는 도령의 연모가 이러했을까요? 아씨의 단정하고 당당한 자태에 반해버린 도령들이 이 동네 저 동네에서 모여들면, 잔칫날의 왁자한 축배로 펑키 멀베리 사워를 만날 수 있을는지도 모르겠습니다. 펑키 멀베리 사워를 홀로 차지했었던 오늘을 되레 그리워하면서요. 고마운 독대의 자리에서 남은 흔적들이 사라질세라 숨 깊이 빈 잔을 들이마시며 둘만의 리허설은 이렇게 마무리해 봅니다.

맥주 정보

- **맥주명**: 펑키 멀베리 사워Funky Mulberry Sour
- **브루어리**: 강릉브루어리 바이 현Gangneung Brewery
- **맥주 스타일**: 와일드 에일
- **시음평**: 유교의 진중함이 한 스푼이 배어들어 간 발칙한 와일드 에일
- **페어링과 그 밖의 추천 페어링**: 달콤한 디저트/케이크류, 초콜릿, 과일, 생선 지리

맛있는 맥주, 밥보다 좋다

차은서 편

맥주는 훌륭한 탄수화물이죠. 저의 식습관을 생각해 보면 맥주가 3대 영양소 중 하나에 속한다 해도 큰 과장은 아닐 것 같아요. 맛있는 음식과 맥주 한 잔, 퇴근 후 맥주 한 잔. 어디서든 맥주를 마시는 게 가장 재미있어 그저 밥처럼 많이 마시던 소시민 한 명이 멋진 작가님들을 만나 책으로 맥주 이야기를 나눌 수 있게 되었습니다.
맥주 이야기만 하는 글을 쓰면 재미있을 것 같다는 혼자만의 생각이 이 길을 먼저 걸어가신 작가 선배님들을 만나 개화할 수 있게 되어 기쁩니다. '내가 나고 자란 이 땅, 우리나라에서도 이 정도 맥주가 있다니!'라는 사실에 감명받은 이후로, 국내 크래프트 맥주를 더 각별히 사랑하기로 마음먹은 평범한 사람의 시선에서 우리나라 맥주의 이야기를 전합니다.
이 책과 함께 곁들일 근사한 맥주가 지금 당신의 잔에 채워져 있기를 바랍니다.

맥주가 흐르고 음악이 맛있는 서울의 안식처 - 서울 브루어리

앵무새보다 화려한 맥주가 있다면, 뉴잉글랜드 IPA - 에일크루 브루잉

살아있을 때 마셔라! 축제를 빛내는 경주의 맥주 - 화수브루어리

맥주를 처음 좋아한 순간으로 - 메즈나인 브루잉 컴퍼니

- 브릿지 5: 짐작이나 했을까요. 당신에게 다가갈 내 마음을

맥주가 흐르고 음악이 맛있는 서울의 안식처

- 서울 브루어리 -

서울을 헤매는 나날을 보내다보면, 삶에게 방해받지 않는 곳으로 도피하고 싶을 때가 있습니다. 도시의 소음을 피해 잠시 눈과 귀를 닫고 마음을 뉠 곳이 필요한 순간이 찾아오면 저는 좋은 술과 음악이 공존하는 곳을 찾아가곤 합니다. 여느 때처럼 갈증에 길을 헤매다 북적이는 성수 거리의 한 어귀에서 '서울 브루어리'를 처음 만났을 때, 어둑한 밤길에서 마주친 5층짜리 건물이 마치 꼭대기에서 음악이라는 빛이 새어나오고 맥주가 파도치는 바다에 우뚝 솟은 등대처럼 보였습니다. 맥주와 음악이 넘실대는 등대의 이야기가 궁금하시다면, 같이 들어와 보시지 않으실래요?

서울 브루어리의 5층에는 재즈 뮤지션들의 공연을 정기적으로 운

재즈 소사이어티에서 바라본 맥주

영하는 프로젝트 '재즈 소사이어티'를 위한 공연장이 있습니다. 누구나 즐길 수 있으면서도 항상 새로운 것을 만들어내는 서울 브루어리의 맥주는 재즈와 서울 그 자체와 닮아있습니다.

베이스가 낮은 주파수의 진동으로 웅웅대면 피아노와 트럼펫이 그 위에서 뛰어놀며 어느 순간은 경쾌하고, 어느 순간은 나른한 소리를 만들어냅니다. 다른 음색이지만 매 순간이 조화롭습니다. 서울 브루어리는 다양한 캐릭터의, 밸런스가 좋은 맥주를 관객들에게 선보이는 무대라고 볼 수 있습니다. 맥주에 대해 잘 모르시는 상태로 서울 브루어리를 방문한다면 공연을 관람할 때처럼 설레고 몽글몽글해진 열린 마음으로 맥주를 마셔보길 권해드립니다.

건축학과를 졸업하고 경영부터 환경사업, 부동산 등 다양한 인생의 파도를 넘어온 서울 브루어리 오너 이수용 대표의 삶의 경험은 맥주뿐만 아니라 공간 자체에도 스며들어 서울 브루어리 곳곳에 녹아있습니다. 인터뷰를 위해 낮에 찾은 성수의 서울 브루어리는 빛을 한가득 머금은 공간이었습니다. 도심이 자연으로 한순간에 바뀌는 느낌을 받으며, 빛이 스며드는 통유리창을 지나 조화롭게 짜인 1층의 통로를 통해 맥주를 만나러 올라가는 길은 마치 다른 세계로 초대받는 기분을 느끼게 합니다. 포근하고 다정한 공간입니다.

다양한 분야의 경험을 폭넓게 아우르며 끊임없이 도전하는 것을 이수용 대표는 '제너럴 리스트 정신'이라고 표현했습니다. 서울 브루어리는 '맥주에 대한 새로운 감각을 일깨워주고 사람들과 긍정적인 경험을 나누고 싶었던' 그의 바람에서 출발했습니다.

서울 브루어리 맥주가 빚어지는 양조 현장

2018년도 합정에서 정식 오픈한 서울 브루어리는 현재 성수점으로 확장하여 마시기 편한 라거와 필스너부터 와일드 에일과 페스츄리 스타우트까지, 다양한 스타일의 맥주를 만들고 있습니다. 서울 브루어리의 맥주가 장르의 폭이 이렇게 넓으면서도 안정적인 균형감을 유지할 수 있는 비결은 그가 진정한 올라운드 플레이어이기 때문일지도 모르겠습니다.

'맥주도 만드는 사람을 닮는다.'라고 느끼며 저는 객석의 관객처럼 귀를 기울였습니다. 맥주를 마시는 순간, 공연이 시작되었습니다.

소개할 첫 번째 대표곡 '페일 블루 닷 IPA'에는 서울 브루어리의 철학이 담겨 있습니다. 천문학자 칼 세이건이 말한 '창백한 푸른 점'에서 따온 '페일 블루 닷'은 그 이름 자체로 지구와 환경, 공동체에 대한 가치관을 상징합니다. (서울 브루어리는 지구의 날 행사, 플로깅 등 환경과 관련된 다양한 오프라인 행사를 통해 브루어리의 가치관을 직접적으로 전달하며 소비자와 소통하기도 합니다.) 페일 블루 닷은 맥주 초심자부터 애호가까지 부담 없이 즐길 수 있는 매력적인 균형감을 자랑합니다. 열대과일 풍미의 아로마를 입안 가득 느낄 수 있는 뉴잉글랜드 IPA 스타일로, 귀리가 들어가 풍부하고 부드러운 마우스필을 느낄 수 있습니다. 홉이 연주하는 한 잔을 굴려 희부옇고 샛노란 색감에 세상을 투과해 보고 있

페일 블루닷 IPA

자니, 문득 내가 세상의 작은 일부라는 생각이 듭니다. 서울 브루어리는 페일 블루 닷을 통해 '함께함'에 대한 메시지를 전하고 싶었다 합니다. '우리는 이 거대한 우주에서 지구라는 하나의 점에 녹아들고, 인간과 환경은 결국 한 몸'이라는 이야기를 맥주 한 잔에 담아 건네봅니다.

워밍업이 충분히 되었다면, 이제 두 번째 곡을 즐길 시간입니다. '캘리포니아 커먼'은 서울 브루어리의 정신을 담고 있습니다. 과거 유럽산 라거 효모를 가지고 발효가 잘 되지 않는 따뜻한 캘리포니아 지방에서 맥주를 만들고자 한 양조사들의 경험에서 유래한 이 맥주는 서울 브루어리의 '도전 정신'을 상징합니다. 캐러멜 몰트 스타일의 고소한 풍미가 특징인 앰버 라거 타입의 '캘리포니아 커먼'은 라거 계열임에도 발효 온도를 높여 에일의 풍미도 느낄 수 있는 하이브리드 타입입니다. 에일파와 라거파 모두 만족하면서 마실 수 있는 이 맥주는 이름의 유래와 브루어리에 깃든 정신처럼, 삶에 깃든 익숙함 속에서 다채로움을 찾아냅니다. 고소한 몰트가 팡파르처럼 터지며 물기를 머금은 솔잎 같은 신선한

편안한 재즈가 들려오는 한 잔, 캘리포니아 커먼

홉이 공존합니다. 정통 양조법을 따르지 않고 주어진 환경에서 맛있는 맥주를 만들기 위한 이 한 잔은 서울 브루어리가 전하는 생생한 변주곡입니다.

만들고 싶은 것을 만드는 자유의 힘은 양조장마다 다른 철학을 깃들게 하고, 우리의 손안에 찰랑이는 한 잔이 주어지기까지 많은 인고의 시간을 거쳐 옵니다. 다양성과 밸런스, 퀄리티. 모든 것을 신경 쓰는 것은 여간 까다로운 일이 아닐 수 없겠지요. 이때, 세 번째 곡이 들려옵니다. 관객들이 박수갈채를 보낼 때, 재즈의 선율이 달아올라 어디로 튈지 모르는 즉흥 연주가 시작됩니다. 효모가 춤추는 곡, 와일드 비어입니다.

서울 브루어리 성수 양조장이 등대이자 공연장이라면, 합정점은 작은 오두막이자 합주실 같은 느낌을 줍니다. 공간도, 맥주도 시간이 켜켜이 쌓여 완성됩니다.

성수점이 오픈한 이후, 서울 브루어리 합정점은 현재 오로지 와일드 비어를 양조하는 공간으로만 사용되고 있습니다. 야생 효모의 특성상 공기를 통해서도 다른 발효조에 영향을 미치기 때문에 공간을 철저하게 분리해 와일드 비어 외의 장르는 모두 성수점에서 양조하고 있다는 대목에서, 이들이 다양한 맥주를 소비자들에게 좋은 퀄리티로 전달하기 위해 얼마나 노력하는지 알 수 있었습니다.

마실 때마다 짜릿하지만 언제나 미묘하게 다른 즐거움을 선사하는

어둠이 찾아 온 등대에서. 서울 브루어리 성수

와일드 비어는 재즈의 즉흥 연주와 가장 닮아있습니다. 자유분방하지만 섬세하고, 오랜 기간을 겹겹이 쌓아 올려 만들어지는 한 잔까지 마셨다면, 당신도 이제 재즈를 즐기는 사람이라 할 수 있겠습니다. 저는 오감을 쓸어내리며 '아, 맛있는 공연이었다'고 얼굴이 상기된 채 등대를 나왔습니다.

서울의 다채로움을 닮은 서울 브루어리는 모든 것들이 빠르게 소비되고 바뀌는 역동성 속에서 꾸준히 사랑받을 수 있는 다채로움의 미학을 찾아내고 그것을 오감을 통해 우리에게 보여줍니다. 폭 넓은 맥주 장르를 아우르는 곳이니, 맥주를 잘 모르는 친구나 맥주를 깊게 사랑하는 그 누구와 찾더라도 함께 즐길 수 있는 공간일 것입니다. 일례로, 서울 브루어리에서 진행한 특별한 이벤트 중, 미슐랭 셰프와 협업하여 한 층씩 올라갈 때마다 다른 음식과 맥주를 경험할 수 있게 기획한 맥주 페어링 행사도 있었습니다. 저는 맥주와 음악이라는 다채로움을 경험하고 왔지만, 여러분이 이곳을 찾았을 때는 어떤 특별함이 있을지, 설레는 마음으로 권해봅니다.

'안식처'란 주로 '지친 마음을 달래고 휴식할 수 있는 공간'이라고 여겨지지만, 비단 공간이 주는 안락함을 넘어 우리는 그 공간에 담겨 있는 것이 무엇인지에 따라 나만의 안식처를 정하곤 합니다. 빈 잔에 어제는 음악을, 오늘은 맥주를 담아 마십니다. 고된 하루를 보낸 날 마음을 채워줄 무언가가 필요할 때 저는 다시 이곳을 찾아오겠습니다.

- **브랜드명**: 서울 브루어리
- **브루어리명**: 서울 브루어리
- **설립 연도**: 2018년
- **형태**: □ 브루어리 ■ 브루펍 □ 직영펍 □ 계약 양조
- **특징**: 다양한 장르를 섭렵하는 올라운더. 예술적인 감각의 경험
- **주요 맥주 및 스타일**: 페일 블루 닷 IPA(뉴잉글랜드 IPA), 캘리포니아 커먼(앰버 라거)
- **주소**: (브루펍)서울 마포구 토정로3안길 10 합정점
  (브루펍)서울 성동구 연무장길 28-12 성수점
- **인스타그램**: seoulbrewery

앵무새보다 화려한 맥주가 있다면, 뉴잉글랜드 IPA

- 에일크루 브루잉 -

열대에서 살아가는 화려하고 거대한 앵무새, 마카우들이 둥지를 트는 밀림의 깊은 곳에는 맥주가 흐르는 강이 있다는 전설이 있습니다. 밀림의 풍요롭고 위험천만한 자연 속에서, 앵무새들은 무모하리만치 화려한 모습을 자랑합니다.

한여름의 어느 날, 저는 그 전설을 두 눈으로 직접 목격하기 위해 밀림으로 향했습니다. 무성한 풀숲을 헤치고 마침내 도달한 곳에서 마주한 전설의 강은 햇빛을 반사해 황금빛으로 일렁이고 있었습니다. 그때, 저는 똑똑히 보았습니다. 황금빛 강물에 몸을 적시는 마카우의 깃털이 서서히 변하고 있었습니다. 잿빛이었던 깃털은 강에 닿는 순간 선명한 붉은색으로 물들었고, 강 위에서 몸을 한 번 떨 때마다 깃털은 오색을 휘감아 휘황찬란하게 반짝였습니다. 저는 너무 놀란 나머지 급히 몸을 일으키다가 강가로 미끄러져 버렸고, 그 앵무새는 시퍼런 날개를 펼치고 한순간에 날아올라 버렸습니다. 황금빛 강에 순간 파동이 일었고, 떨어진 새빨간 꽁지깃 하나가 뱅그르르 맴돌아 제 쪽으로 왔습니다. 문득, 달큰한 냄새가 코를 찔렀습니다. 고개를 숙이고 조심스레 맛본 강물에서는 실소가 나올 정도로 무모하고 화려한 맛이 났습니다.

이것은 '에일크루 브루잉'을 만나고 제 마음속에 깃든 뉴잉글랜드 IPA의 전설입니다.

도시라는 밀림에서, 마카우와 닮은 맥주를 만드는 곳이 있습니다. 2018년도 홍대에서 탭하우스로 시작한 에일크루 브루잉은(이하 에일

도심에서 바라본 밀림. 에일크루 신촌

크루) 강과 같은 공간을 꿈꾸며 만들어졌다고 합니다. 앵무새를 비롯해 여러 생명이 모여 안식을 나누는 밀림 속 강처럼, 사람과 사람을 잇는 공간을 만들고 싶었던 이선우 대표의 열망 또한 강에서 시작되었습니다.

IT 업계에 종사하던 이선우 대표는 출장을 위해 오랜 시간 집을 떠나있곤 했습니다. 불 꺼진 건물에서 동이 트기 전에 진행하는 서버 구축, 그 고요의 중심에서 일하다가 출장으로 미국을 찾은 그는 새로운 환경을 마주했습니다. 그가 일하던 산업 단지 옆 흐르는 강 건너편에는 미국 150년 전통의 오래된 양조장이 있었습니다. 우연히 만나게 된 바다 건너 양조 문화는 자유와 개성의 상징이라고 일컬을 만큼, 다양한 사람과 문화가 한데 얽혀 강렬한 에너지를 가지고 있었다 합니다. 이선우 대표는 일터에서 양조장으로 건너가는 강의 다리를 거닐며, 자유와 삶을 잇는 공간에 대한 꿈을 가지게 되었다고 회상했습니다.

홍대를 기점으로 한 탭하우스는 그런 꿈을 기반으로 시작되었습니다. 기성 양조장과의 컬래버레이션 작업이나 하우스 비어 등을 판매하던 이선우 대표는 2021년도에 마침내 독자적인 양조장으로 날개를 펼칠 준비를 했습니다. 사람이 모이기 시작한 에일크루라는 강가에 마카우라는 강렬한 생명이 깃들기 시작한 것입니다. 양조장의 입장에서, IPA 그것도 뉴잉글랜드 IPA를 주력 스타일로 생산한다는 것은 가격 문제와 더불어 리스크가 큰 일입니다. 신생 양조장이라면 더더욱 그렇습니다. 결단력이 필요했던 순간, 이선우 대표는 과감하게

사람이 모이는 공간, 에일크루 홍대

첫 발자국을 내디뎠습니다. 어떻게 결심할 수 있었냐고요? 우선 탭하우스의 3년간 판매 데이터를 기반으로 수요와 IPA의 가치를 경험했기 때문이고, 두 번째는 도전 정신. 이 정글 같은 맥주 신에서, 누군가는 IPA에 미쳐있는 이들이 있어야 하지 않겠느냐는 것이었습니다. 마카우가 둥지를 틀게 된 순간이었습니다.

에일크루의 가장 대표적인 뉴잉글랜드 IPA 시리즈, '블루 마카우'는 이렇게 탄생했습니다. 마카우 시리즈는 뉴잉글랜드 스타일에만 붙이는 에일크루의 한정 네이밍입니다. 이름이 주는 인상과 같이, 뜨거운 태양열에 푹 익어 떨어진 열대 과일의 달큰한 맛이 맥주에 잘 녹아

타오르는 태양을 닮은 블루 마카우

있습니다. 뉴잉글랜드 IPA 하면 주로 복숭아 과즙처럼 매끈하고 쥬시하게 넘어가는 질감을 상상해 볼 수 있는데요, 에일크루는 트로피컬한 맥주의 풍미 속에 씨앗의 떫은맛을 숨겨두었습니다. IPA라는 장르 중에서도 쓴맛의 균형을 유지하는 것을 추구합니다. 중심을 단단하게 잡아주는 균형감 좋은 맥주를 지향하기 때문에, 빠르게 물리지 않고 오래 즐길 수 있습니다.

에일크루는 뉴잉글랜드 IPA를 중심으로 다양한 장르의 맥주도 함께 생산합니다. 뉴잉글랜드와 웨스트 코스트의 중간 포지션인 미국식 IPA 스타일의 '아메리칸 블루'도 시그니처로 자리를 잡았고, 정통 웨스트 코스트 스타일도 꾸준하게 선보이면서 맥주로 미국의 동쪽과 서쪽을 횡단하며 자유롭게 비행합니다. 2022년도, 에일크루에서 웨스트 코스트 스타일을 처음으로 선보일 때 출시했던 맥주 중 가장 기억에 남고 지금도 가끔 찾아 마시게 되는 맥주는 '비바 라스베가스'

Take me out! 에일크루의 맥주 자판기

입니다. 홉이 주는 신선하고 쌉싸름한 기분 좋은 쓴맛을 중심으로 과일 풍미와 입안에서의 무게감, 당도와 탄산 등의 밸런스가 좋은 웨스트 코스트 맥주입니다.

에일크루는 '이 험난하고 매력적인 크래프트 맥주 신에 어떻게 하면 새로운 소비자를 더 활발히 유입시킬 수 있을까'에 대해서도 고민하며 맥주를 만듭니다. 신규 제품을 출시할 때, 제품의 네이밍 등을 통

에일크루에서 만날 수 있는 샛노란 뉴잉글랜드 IPA

해 최대한 초심자 친화적으로 접근하는 것입니다. 예시로, '발렌시아 오렌지', '빅토리아 파인애플', '선샤인 코코넛' 같은 시즈널 제품들은 이름만 들어도 전달하고자 하는 이미지가 매우 직관적입니다. 그 맛이 날 것 같은 명확한 네이밍과 강렬한 색상과 탁도. 맥주를 잘 모르는 초심자가 미세한 맛의 포인트를 캐치해 내서 극대화하기 위한 일종의 장치입니다. 건강한 선의의 플라시보라고 할 수 있겠습니다.

에일크루 브루잉은 균형감이 좋은 맥주를 추구하면서 동시에 맥주의 색에 집중합니다. 이미지의 영향력은 강력합니다. 버블이 쫀쫀하게 차오른 맑고 진한 호박색 웨스트 코스트 IPA, 빛을 투영시키지 않고 전부 반사해 버리기에 더욱 타오르듯 빛나는 샛노란 뉴잉글랜드 IPA. 이런 맥주들을 눈앞에 두고 보고 있으면, 마시기도 전에 그 질감과 향이 목젖을 달구는 느낌에 침을 삼키게 됩니다. 시각은 오감을 강렬하게 자극하는 첫 단계 관문입니다. 우리는 잔에 비친 맥주의 색에서 타오르는 마카우의 붉은 날개깃을 보고, 일렁이는 냄새에 저절로 이끌려 목젖을 적시곤 합니다.

공간이 주는 매력도 빼놓을 수 없습니다. 양조장을 방문하는 고객이 마치 다른 세계의 경계를 넘나드는 느낌을 받을 수 있다면 얼마나 매력적일까요? 제가 에일크루의 첫 번째 양조 본점, 현재의 직영 브루펍들을 처음 방문했을 때 느꼈던 경험은 정말 인상적이었습니다. 정글의 나무 사이로 햇살이 떨어지는 공간에 똬리 튼 펍의 이미지, 오피스에서 벗어나 도심 속에서 한 걸음 만에 다다를 수 있는 에일크루는 서울이라는 정글 속에서 가장 쉽게 만날 수 있는 여유입니다.

2023년도에 에일크루 양조 본점이 가좌를 떠나 영등포에 자리 잡으면서, 에일크루는 신촌에도 새로운 둥지를 틀게 되었습니다. 이선우 대표는 신촌 맥주 축제가 사라진 현시점, '에일크루가 신촌을 기점으로 새로운 맥주 문화를 만들며 지역을 기반으로 한 크래프트 신의 활발한 교류와 작은 축제를 선도해 보고 싶다'는 소망을 이야기했습니다. 저 역시 에일크루라는 작은 강에서 시작된 날갯짓이 돌풍으로 변해 무언가 설레는 변화가 일어나기를 소비자의 입장에서 고대해 봅니다.

맥주는 경험입니다. 마시면 마실수록 새롭고, 색과 향과 맛이라는 단순한 오감의 조합이 수천 가지 모습으로 표현되어 우리를 이끌며 세계를 넓혀주는 것이 참 매력적입니다. 에일크루는 화려하고 강렬한 맥주를 만들고자 합니다. 아마 당신의 세계를 넓혀줄 하나의 이정표가 될 수도 있겠습니다. 제가 맥주가 흐르는 강에서 만난 한 마리 마카우에 마음을 빼앗겼던 것처럼, 이 글을 읽는 당신도 당신만의 맥주의 아름다움을 발견하기를 바라며. 저는 펍에서 먼저 한잔하면서 기다리고 있겠습니다.

- **브랜드명**: 에일크루 브루잉
- **브루어리명**: 에일크루 브루잉
- **설립 연도**: 2018년
- **형태**: ■ 브루어리 □ 브루펍 ■ 직영펍 □ 계약 양조
- **특징**: 시장을 향해 도전하는 한국 뉴잉글랜드 IPA의 개척자
- **주요 맥주 및 스타일**: 블루마카우(뉴잉글랜드 IPA), 아메리칸 블루(IPA)
- **주소**: (브루어리)서울특별시 영등포구 양산로 96 산경물산 A46호
  (직영펍)서울 마포구 와우산로37길 7 지하1층-1층 홍대점
  (직영펍)서울 서대문구 연세로 11길 34 신촌점
- **인스타그램**: alecrew_brewing

살아있을 때 마셔라!
축제를 빛내는 경주의 맥주

- 화수브루어리 -

사람들이 모인 축제에는 단연 술이 빠질 수 없습니다. 축제의 장르를 불문하고 에너지로 뜨겁게 달아오른 현장에서 가장 사랑받는 주종은 단연 맥주입니다. 축제의 즐거움은 맥주와 함께할 때 시너지를 내며 가장 큰 열기를 뿜어내는 것 같습니다. 이 축제의 열기는 펄럭이는 깃발의 결을 타고 더 멀리 퍼져나갑니다. 음악 페스티벌과 지역 축제, 크고 작은 맥주 축제 모두, 설레는 마음을 가장 먼저 맞이해 준 것은 언제나 깃발이었습니다.

맥주 축제나 박람회에 가보신 분이라면 한 번쯤 알록달록하게 꾸며진 지붕에 현수막과 깃발을 꽂고 시선을 빼앗는 귀여운 봉고차를 본 적이 있으실 겁니다. 경주 지역 축제의 터줏대감, 서울과 부산까지 전국 팔도를 종횡무진 누비며 지역과 하나가 되는 작은 트레일러. 축제가 열리는 곳에는 '화수브루어리'가 있습니다.

맥주를 잘 모른 채 이것저것 마셔보며 여러 지역의 축제를 즐기러 다녔던 때에도, 화수의 알록달록한 트레일러가 기억에 남아있습니다. 지역마다 열리는 맥주 축제에서 발갛게 취해 음악과 함께 흔들거릴 때 항상 곁에 있었던 이 브루어리의 정체를 알게 된 것은 몇 해 뒤, 제가 맥주를 꽤 좋아하게 되었을 때입니다.

화수브루어리라는 이름을 처음 뇌리에 각인하게 해준 맥주는 화수의 대표적인 시그니처, '바닐라스타우트'입니다. 과거 서울의 골목 구석에 있는 한적한 펍에서 마주친 바닐라스타우트와의 첫 만남은 신선한 충격이었습니다. 아무런 정보 없이 우연히 주문한 맥주에서 오로라가 넘실대는 밤하늘을 만났으니, 그 강렬한 첫인상이 아직도 기억에 생생합니다. 바닐라스타우트는 국내 최초로 질소를 맥주에 녹여 구름 같은 촉감을 주는 탄산화를 시도한 맥주입니다. 아로마틱하거나 다양한 개성을 가진 흑맥주가 시장에 많지 않았던 2015년 당시, 질소를 녹여낸 바닐라스타우트는 국내 맥주 시장에서 처음

화수의 시그니처, 바닐라스타우트

등장한 캐릭터였습니다. 그 무렵 카페베네에서 선보였던 질소 커피 아메리치노와 소주 트렌드를 뒤흔든 '순하리'의 출시보다 바닐라스타우트가 조금 더 일찍 등장했다는 것을 생각하면 국내 맥주 시장에서 이게 얼마나 신선한 시도였는지 짐작해 볼 수 있습니다. 보통 맥주의 거품은 아래에서 위로 보글보글 솟아오르는데, 바닐라스타우트는 잔의 윗부분에서부터 거품이 흩날리며 모래시계처럼 떨어집니다. 크리미한 바디감과 달콤하고 진한 아로마가 비주얼만큼이나 매력적인 한 잔을 깨끗하게 비우고 난 뒤, 잔에 새겨진 로고를 들여다보지 않을 수 없었습니다.

화수브루어리는 경북 경주시에 위치한 크래프트 맥주 브루어리입니다. 경주는 문화재가 화수분처럼 쏟아져 나오는 유적의 땅이라고들 하죠. 한국에서 학창 시절을 보낸 사람 중 경주를 가보지 않은 사람

경주에서 만난 화수브루어리

은 드물 정도로 우리나라를 대표하는 문화유산의 지역입니다. 그런데 이 경주 땅에는 문화재만 잠들어 있는 것이 아니라 지하수에 맥주라도 흐르는 것인지, 마을 곳곳에서 어떤 맥주가 물처럼 쉽게 발견된다고 합니다. 지역에 깊게 스며들어 마을의 수호신처럼 자리 잡은 화수브루어리야말로, 맥주와 지역의 상생을 가장 잘 해내고 있는 대표적인 예시가 아닐까 싶습니다.

헤드 브루어인 이화수 대표의 이름을 딴 화수브루어리는 우리나라의 명실상부 1세대 브루어리입니다. 우리나라가 맥주의 불모지였던 2003년도부터 울산에서 '화수'라는 브랜드를 걸고 자체 양조를 시작했고, 지금은 경주에 터를 잡고 지역을 상징하는 맥주를 만들고 있습니다. 이화수 대표는 '맥주는 문화사업'이라고 말합니다. 맥주가 현지에 녹아들어 다양한 시너지를 내는 것이죠. 화수브루어리에서는 지역을 상징하는 임팩트 있는 캐릭터의 맥주부터, 20여 년 전부터 펍을 운영했던 오랜 세월의 노하우를 담아 손님들의 니즈를 맞춘 음용성과 밸런스가 좋은 맥주를 함께 생산합니다.

대표 맥주 중 하나는 녹진한 맛과 튼튼한 퍼포먼스를 자랑하는 바이젠복weizenbock 스타일, '경주맥주'입니다. 묵직한 밀맥주 스타일을 기반으로 입안으로 미끄러져 들어가는 몰트와 탄탄하게 뒷받침하는 효모, 바나나가 연상되는 아로마가 인상적인 맥주입니다. 한국 브루어리에서 흔치 않는 바이젠복에 '경주'란 이름을 붙인 것

경주 맥주

맥주에서 지역의 상징을 찾다

은, 어쩌면 맥주의 전통성을 유지하고자 하는 화수브루어리의 양조 철학을 엿볼 수 있는 포인트가 아닐까 싶습니다.

여러 사람과 함께 편하게 마시며 즐길 수 있는 맥주로는 대표적으로 '유자 페일 에일'이 있습니다. 고흥에서 생산된 유자만 엄선해 넣었다는 이 맥주는 싱그러운 유자 캐릭터가 전반에 드러나면서도 과하지 않게 절제되어 있어 초심자도 부담 없이 즐길 수 있습니다. 너무 달지도, 쓰지도 않은 밸런스가 좋아 부담 없는 한 잔이 필요할 때 제격입니다.

경주맥주 외에도 화수브루어리에는 지역의 특징이나 문화재와 관련이 깊은 이름의 맥주가 많습니다. 우아하고 산뜻한 쾰시Kölsch 스타일

축제에서 만난 화수브루어리

의 '금관 맥주', '황리단길 도펠복', 포터 스타일의 '신라의 미소', '주령구 IPA' 등 여러 맥주가 지역을 직접적으로 상징합니다. 문화의 도시, 경주를 맥주에 담은 것입니다.

화수브루어리는 지역의 활성화와 브루어리의 브랜드 이미지가 함께 긍정적인 영향을 주고받으며 상생하는 것이 정말 중요한 가치라고 말합니다. 이렇게 로컬리티의 가치를 실현하였기에 울산과 경주 지역을 기반으로 튼튼한 토대를 만들 수 있었고, 마치 마을 축제처럼 여러 사람이 함께 즐길 수 있는 편안한 맥주가 널리 뻗어나가 지금의, 전국 곳곳에서 만날 수 있는 화수브루어리가 되지 않았을까 합니다.

'살아있을 때 마셔라!'

내가 살아있을 때, 술이 가장 신선하게 살아있을 때 마시라는 화수브루어리의 슬로건은 제가 처음 맥주를 좋아하게 되었던 순간들을 상기시켜 주는 에너지가 있습니다.

화수브루어리와의 인터뷰를 마친 이후, 지역 축제를 즐기러 다시 방문한 경주에서도 반가운 트레일러를 만날 수 있었습니다. 줄지어 늘어선 맥주 부스들과 북적이는 사람들 사이에서도 화수브루어리의 강렬한 로고와 슬로건은 한눈에 들어옵니다. 경주를 대표하는 지역 양조장, 경주의 축제에서 만난 화수브루어리는 그 존재만으로 어딘가 든든하다는 느낌이 들었습니다. 글의 마지막에 도달해 가벼운 추천을 하나만 더 드려보자면, 제가 축제에서 빠지지 않고 마시는 맥주가 있습니다. 화수브루어리의 '축제'라는 맥주인데요, 세종 스타일로 마시기 편하면서도 매력적인 발효취가 느껴지고, 동시에 적당히 새콤달콤해 축제를 즐기면서 마시기에 더할 나위 없습니다. 이름이 주는 영향도 있고, 도수도 은근히 높은 7.5%라 연거푸 마시면 취기가 돌아 이 또한 축제를 즐기기에 안성맞춤입니다. 그날도 저는 살아있을 때 마음껏 마시기 위해 경주를 찾았는지도 모르겠습니다.

언제나 완벽히 같은 맛을 내지 않지만 그렇기에 더욱 애정을 가지게 된 크래프트 맥주. 오늘 마주친 맥주가 인생에 다시없을 최고의 컨디션인 맥주일 수도 있습니다. 그래서 우리는 살아있기에 마셔야 합니다. 그러니 어느 지역의 맥주 축제에서 알록달록한 맥주 트레일러를 만나게 된다면, 고민하지 말고 눈앞에 주어진 근사한 맥주들을 즐겨보았으면 좋겠습니다.

- **브랜드명**: 화수브루어리
- **브루어리명**: (주)화수컴퍼니
- **설립 연도**: 2018년
- **형태**: □ 브루어리 ■ 브루펍 ■ 직영펍 □ 계약 양조
- **특징**: 근본 있는 한국 1세대 맥주, 지역 문화를 상징하는 다양한 라인업의 맥주
- **주요 맥주 및 스타일**: 바닐라스타우트(스위트 스타우트)
- **주소**: (브루펍)경상북도 경주시 보문로 465-67 1층 경주점
  (직영펍)울산 남구 왕생로 36 1층 산삼점
  (직영펍)서울 강북구 인수봉로 238 1층 서울강북점
- **인스타그램**: whasoobrewery

맥주를 처음 좋아한 순간으로

- 메즈나인 브루잉 컴퍼니 -

크래프트 맥주 세계를 탐험하다 보면 어느 순간 자극에 무감각해지는 순간이 오는 것 같습니다. 더 신맛이 나는 맥주는 없을까? 더 쓴맛이 나는 건? 익숙함이 무료함으로 변하는 것은 자연스러웠습니다. 좋아하는 스타일이 생기고, 저녁을 맥주로 마무리하는 일상은 너무나 편안했지만, 사실 어느 순간 심한 편식을 하고 있었던 것 같습니다.

뿌옇게 이끼가 끼어 잘 작동하지 않던 미각의 스위치를 다시 켜준 것은 경험해 본 적 없는 자극적인 맛의 맥주도, 먹어본 적 없는 새로운 유형의 맥주가 아니었습니다. 술을 즐기는 데 가장 필요했던 자극은 그저 처음 맥주 자체를 사랑할 수 있었던 단순한 두근거림이었습니다.

느슨해진 저의 애정에 바람을 불어넣어 준 곳, 2023년에 오픈한 신

메즈나인의 시작

생 브루어리 '메즈나인 브루잉 컴퍼니'(이하 메즈나인)에 대해 이번엔 담백한 이야기를 전해보고자 합니다.

흔히 맥주를 마실 때, 주로 몰트와 홉의 풍미에 집중해 음미하고는 합니다. 하지만 사워나 와일드 에일을 좋아하는 분이라면 한 번쯤 효모가 주는 맛의 변화를 느껴본 적이 있으실 텐데요. 여기 효모가 주는 특색과 캐릭터의 매력에 한껏 집중한 양조장이 있습니다.

메즈나인은 서울 마장동에 자리한 작은 양조장입니다. 마장동 하면 역시 소고기지요. 효모가 살아 춤추는 매력적인 맥주, 그 다채로운 풍미와 짜릿함은 소주를 뛰어넘어 소고기와 최고의 페어링이라고 할 수 있습니다. 지역을 대표하는 상징이 되고자 하는 메즈나인은 이제 막 날갯짓을 시작한 젊은 양조장입니다.

직장인이라면 누구나 가슴에 사직서를 품고 퇴사 후 새로운 도전을 상상하며 살죠. 그렇기에 상상을 실천으로 옮기는 사람들의 이야기는 언제나 즐겁습니다. 메즈나인의 서승미 대표는 8년간 연구원으로 일하며 안정적인 직장 생활을 하던 중, 갈증의 순간이 찾아왔다 합니다. 회사에서 내 일부가 사라지는 듯한 감각을 느낀 서 대표는 좋아하는 일을 더 깊이 있게 탐구하고자 퇴사를 결심하고 여행을 하다 맥주라는 매력적인 세계에 빠져들게 됩니다.

서 대표는 유럽의 밀맥주부터 미국의 IPA에 이르기까지 다양한 스타일의 맥주를 경험하며 공부하다 사워 에일이라는 장르를 처음 접했다고 합니다. 지금도 사워와 IPA를 가장 좋아한다는 대표의 취향은 메즈나인의 방향성을 이끌어가는 첫 단추가 되었습니다.

취미로 시작한 공부가 어느새 진심이 된 순간, 우선 이력서를 쓰기 시작했습니다. 본인이 실무 경험이 있어야 창업을 하고 양조장을 이끌 수 있다는 생각이었습니다. 이후 평창의 '화이트 크로우 브루잉'의 조용한 자연 속에서 양조의 기본부터 실무까지 모든 것을 경험하며 배웠고, 2년에 걸친 시간이 쌓여 드디어 메즈나인을 창업할 준비가 되었습니다.

메즈나인의 브루하우스

메즈나인의 철학은 '효모'에 대한 깊은 이해에서 출발합니다. 서 대표는 "효모가 맥주의 풍미와 맛을 결정짓는 데 큰 역할을 한다."고 강조합니다. 같은 효모라도 부재료에 따라 다른 맛이 표현되고, 이런 효모의 특성을 맥주의 밸런스에 알맞게 녹여내는 것이 그녀의 양조 철학입니다.

메즈나인의 목표는 와일드 에일 장르에서 두각을 나타내는 양조장이 되는 것입니다. 와일드 에일은 야생 효모와 균을 철저하게 관리해야 하기에 규모가 크지 않은 양조장에서 다루기 어려운 맥주지만, 서 대표는 "더 힘들고 리스크가 있더라도 도전할 만한 가치가 있는 장르"라고 이야기합니다.

세종 맥주 '꽃부농', 와일드 에일 '홀림'과 같은 맥주를 마시면 왜 '도전할 만한 가치가 있는지' 느낄 수 있습니다. 효모의 매력을 아직 느껴보지 못했다면, 메즈나인에서 그 풍미를 경험해 보는 것도 좋겠습니다. 물론, 앞으로 소개해 드릴 조금 더 대중적이거나 다른 종류의 맥주를 마실 때도 섬세한 효모의 맛을 느낄 수 있습니다.

메즈나인이 처음이라면, 샘플러로 즐기는 맥주의 매력

메즈나인의 대표 주자는 퀼시 스타일의 '아이엠I Am'입니다. 아이엠은 일반적인 소비자와 맥주 마니아를 모두 만족시킬 수 있도록 기획한 맥주라고 합니다. 일반 소비자에게는 음용성이 높은 맥주로, 마니아들에게는 홉의 풍미를 강조한 맥주로 다가갈 수 있도록 만들었다는 서 대표에 말에 고개를 끄덕이게 됩니다. 깔끔하고 라이트하지만, 평소 접하던 퀼시에 비해 오래 지속되는 피니시와 적당한 씁쌀함은 '이곳에서 맥주 많이 마시기 대회를 한다면 무조건 이 맥주를 마셔야지,' 하고 생각하게 하는 맛입니다.

메즈나인의 시그니처 시리즈는 메즈나인을 상징하는 철자 'M'으로 시작합니다. 연중 생산되는 맥주와 시즈널 맥주 관계없이, 웨스트 코스트 스타일 'M5', 헤이지 스타일 'M9'처럼 맥주의 스타일 별로 넘버

링되어 이름이 붙여집니다. 어떤 맥주가 M 시리즈가 되어 잔에 담길지는 미래에 알 수 있겠지만, 작은 힌트를 남겨두자면 '사워 IPA', '와일드 IPA' 같은 독특한 스타일의 맥주를 M 시리즈를 통해 만들어나갈 예정이라고 합니다.

빛이 산란되는 복층의 모습

메즈나인은 그 이름의 의미가 꽤 독특하고 흥미롭습니다. 서 대표는 미국 여행에서 한참 맥주의 세계에 빠져있을 때 자주 목격한 복층 구조의 브루어리에서 영감을 받았다고 합니다. '복층의, 복층 구조'를 뜻하는 영어 단어 '메자닌Mezzanine'을 자신만의 스타일로 변형하여 '메즈나인'이라는 이름을 만들면서, 예전 해외에서 느꼈던 복층 브루어리의 개방적인 문화의 매력을 담아내고 싶었다 합니다. 뿐만 아니라 마실 수밖에 없는 매혹적인 맥주를 만들고 싶다는 의미도 이중적으로 숨겨져 있습니다.

메즈나인은 지역 주민들과 함께 성장하며, 로컬 양조장의 상징이 되고 싶다는 목표를 가지고 있습니다. 사람들이 마장동에서 소고기와 함께 메즈나인의 맥주를 즐길 수 있도록 하는 게 서 대표의 꿈입니다. 또, 앞서 말씀드린 시그니처인 'M 시리즈'에도 M++ 등 소고기 등급을 연상시키는 라인업을 만들 계획도 있습니다.

"규모가 크지 않아도 괜찮다. 내가 좋아하고 잘하는 맥주를 만들고, 지역의 사랑을 받는 브루어리가 되고 싶다. 누구나 메즈나인에 와서 쉴 수 있고, 사람들이 메즈나인에서만 맛볼 수 있는 맥주를 만나고 가기를 바란다."

서승미 대표의 말 속에는 브루어리에 대한 자부심과 함께, 자신만의 길을 개척하고 도전하는 사람의 아름다움이 담겨 있었습니다.

다음 M의 주인공은?

맥주를 만드는 과정에는 많은 고민과 시도, 인내의 시간이 필요하지만 테이블 위에 올라온 맥주는 맛있다, 또는 맛없다는 단순한 평가의 기로에 놓이게 됩니다. 우리가 만나는 이 맥주들은, 모두 '맛있다'라는 직관적인 감상을 우리에게 전하기 위해 백조의 물 갈퀴질처럼 치열한 몸짓과 인내의 시간을 거쳐 옵니다. 메즈나인의 스토리를 들으며, 저는 동경과 비슷한 감각을 느꼈던 것 같습니다. 그러면서 한편으로는 다행이라는 생각도 들었습니다. 이 문화의 소비자인 우리는 무궁한 선택지를 앞에 두고, 그저 '오늘도 맛있었다'고 즐기면 됩니다.

우리가 맛있게 마신 몇백 잔의 맥주가 모여 브루어리들이 더 좋은 맥주를 만들 수 있는 시장이 되고, 결국 우리에게 더 맛있는 맥주로 돌아올 것입니다. 이 애정이 모여 마장동 소고깃집뿐만 아니라 서울 그리고 한국의 곳곳에서 크래프트 맥주를 즐길 수 있는 세상이 오길 바라며, 내가 처음 맥주를 좋아했던 마음으로 오늘도 한 잔 마십니다.

- **브랜드명**: 메즈나인 브루잉
- **브루어리명**: 메즈나인 브루잉 컴퍼니
- **설립 연도**: 2023년
- **형태**: □ 브루어리 ■ 브루펍 □ 직영펍 □ 계약 양조
- **특징**: 효모의 마법으로 독창적인 맥주를 만드는 신생 양조장
- **주요 맥주 및 스타일**: 아이엠(쾰시), M5 IPA(웨스트 코스트 IPA), M9 IPA(헤이지 IPA)
- **주소**: (브루펍)서울 성동구 마장로 270 1층
- **인스타그램**: mezz9brewing

BRIDGE _ 5

짐작이나 했을까요. 당신에게 다가갈 내 마음을

라인도이치(Rein Deutsch Brewery) - 중앙시장(golden ale) / 콘립버터구이

맛있는 음식과 술, 들뜬 분위기와 함께 높아지는 목소리. 낯선 이들과 함께했던 어느 모임 자리였습니다. 괜히 어색해 맥주를 들이켜 마시다가도, 부끄러운 모습을 보일까 싶어 물 한 병을 벌컥대며 오르는 취기를 겨우겨우 떨쳐내고 있었죠. 릴레이처럼 따라오는 새로움에 감탄하기도, 의외의 사정들에 약간은 실망하기도 하면서 소심한 술꾼의 역할에 충실하던 그때였습니다. 호감 가지 않을 수 없는 멋진 배경과 다소 수수하게 느껴지는 외모, 조금은 촌스러운 듯한 이름. 그가 나타났습니다. 어색함과 긴장감에 적잖이 고장이 나 있던 저는, 다소 편안하지 못한 상태에서 그이를 맞이했었던 기억이 나네요. 아쉽지만 그 당시엔 이 인연에 큰 기대가 없었음을 고백합니다. 이미 제법 많은 이들을 만나도 보았고 겪어도 본 와중이었던 데다가, 부끄럽게도 나사

가 하나쯤 빠져버린 채 삐걱삐걱하고 있었으니까요.

니체가 말했던가요.

단 하나의 이는 다수 속에 존재하는 거라고. 지나쳐 온 수많은 만남이 무의미하지 않은 건, 그 하나를 찾기 위함이라고요. 이어지는 끝없는 대화, 끊임없는 시도들이 넘치는 그곳에 제가 있었던 건, 아마도 그를 만나기 위함이 아니었는지 지금도 생각합니다.

오늘을 기록하기에 앞서 되짚어 보았습니다. 어느 시음회에서 단박에 제 입맛을 사로잡아 버린 '중앙시장'과의 첫 만남. 비록 고장은 나

시선이 사로잡히지 않을 수 없었던 중앙시장의 첫인상

있었지만, 취향의 맥주 한 잔 알아보지 못할 정도로 바보이지는 않았던 그날의 이야기입니다.

갓 꺼낸 맥주를 따서 맥주잔에 따라봅니다. 타지의 어느 펍에서 눈앞을 가득 채워오던 금빛은 여전하네요. 가볍게 날아가는 향에서는 라임, 레몬 같은 밝은 시트러스 함이 느껴집니다. 앉아있던 풀잎에 작은 진동을 일으키며 팔랑팔랑 날아가는 나비처럼 중앙시장의 향 역시도 후- 불면 흩어져 버릴 것처럼 가볍습니다. 손을 휘저어 어떻게든 향을 잡아채 그러쥔 주먹을 가만히 열어봅니다. 손바닥 위에서 초록색 이파리가 달린 라임, 또는 작은 레몬 한 알이 뭉쳐졌다가 이내 사라져 버릴 듯 투명해져 버립니다. 이처럼 연한 싱그러움이 맥주 거품 위에서 살랑 뒤꽁무니를 내빼면, 이 향의 시작인 중앙시장이 궁금하지 않을 수가 없습니다.

한여름 내내 쌓아둔 묵은 갈증도 손쉽게 풀어버릴 것 같은 청량함이 한 잔 가득 들어차 있습니다. 입안의 공간을 커다랗게 부풀려서 욕심껏 맥주를 채워 넣어보는데요. 상쾌함이 혀와 코끝을 톡톡 건드리며 짜르르하게 목구멍으로 넘어가 줍니다. 온몸으로 퍼져 내려가는 시원함 덕에, 여름의 더위를 탈 대로 탄 손끝은 결국 잔을 쉽게 놓지 못합니다. 맥주 첫 모금을 꿀꺽 마셔 넘긴 그 순간, 입 밖으로 내뱉게 되는 감탄사들은 여러 가지가 있을 테지만, 중앙시장에 흠뻑 적셔진

입이 터트려내는 첫 옹알이는 '키-햐-'입니다. 조여진 동공은 무장 해제되어 버리고 꼿꼿하게 굳어져 있는 허리는 느슨하게 풀려버리면서, 크게 들이켰다가 터져 나오는 날숨처럼 내뱉게 되는 한마디.

'키-햐.'

욕망이 해소된 중독자가 온몸을 풀어내며 내뱉는 듯한 '크-하'가 절대 아닙니다. 중앙시장의 감탄사는 새로운 맛의 세계에 눈 떠버린, 이를테면 '유레카'와 같은 단어가 감탄사로 변모해 버린 것 같은 '키-햐-'입니다.

잔을 내려놓지 못하는 손은 이내 남은 맥주를 입으로 가져갑니다. 다시 한번 또 크게 머금어 보지만, 이번엔 꿀떡 넘어가려는 중앙시장을 억지로 붙잡아 봅니다. 발길이 잡힌 맥주의 면모를 찬찬히 헤집어 보면, 차갑고 신선한 약수에서나 볼 법한 은은한 달콤함, 갓 딴 레몬을 그대로 반 갈라 살짝 쥔 듯한 상큼함, 시트러스 과실의 하얀 속껍질 같은 과하지 않은 씁쓸함이 다가오는 걸 느낄 수 있습니다. 단맛이 그리 크지 않아 물리지 않고, 씁쓸함이 절제되어 음용이 너무 좋은 탓에 넘어가는 맥주를 기어이 붙잡아 내기가 참 힘겹습니다. 하지만 음용이 좋다고 해서 그저 물처럼 시원하달 뿐이라거나, 특출난 구석 없이 쉬이 만든 맥주처럼 느껴진다는 뜻은 절대 아닙니다. 홉에서 나타나는 향긋함이 매우 경쾌하지만 시끄럽지 않게, 와글와글 반짝이지만 요란하지는 않게 드러나거든요. 더운 여름, 두 팔 벌려 다가와 온몸 가득 에너지를 채워주고 순식간에 날아가 모습을 감춰버리는, 마치 술꾼의 오아시스 같은 맥주입니다. 쓸데없이 거대하게 부풀려 힘을 과시하지도, 불필요하게 자리를 지키고 앉아 괜한 시선을 요구하지도 않습니다. 이처럼 뜨거운 여름에 만나는 한 모금의 생명수 같은 중앙시장이라니. 어떻게 사랑하지 않을 수가 있겠습니까. 꿀꺽꿀꺽 마셔버리고 그냥 뒤돌아서기엔, 그 시간이 너무 인상 깊은 맥주입니다.

중앙시장은 천혜의 비경을 자랑하는 남해의 도시, 통영에 자리 잡은 라이도이치 브루어리의 골든 에일golden ale입니다. 범상치 않은 출신의 중앙시장이기에, 국내 크래프트 맥주에 관심 좀 있다 싶으신 분들이라면 굳이 겪어보지 않더라도 맥주의 퀄리티를 짐작할 수 있을 것 같은데요. 이 멋진 골든 에일의 매력을 한눈에 알아본 건, 아마도 저뿐만이 아니었던 모양입니다. 중앙시장은 롯데주류가 주관하는 콘테스트에서 은메달을 수상했을 정도로 대중들의 입맛까지 사로잡은 메달리스트 맥주거든요. 특히나 통영에서 생산되는 풍부한 해산물과 잘 어울리도록 기획되었기 때문에 다양한 해산물을 쉽게 접할 수 있는 통영의 '중앙시장'이 맥주의 이름이 되었습니다. 이처럼 세련된 골든 에일의 산지인 데다가, 제가 좋아하는 해산물들이 가득한 도시라니. 어쩐지 저 같은 사람에게는 통영이라는 도시 곳곳이 유의미해질 것만 같습니다.

반짝이는 중앙시장에, 고소한 콘립버터구이

중앙시장과의 페어링으로 제가 선택한 건 짭짤한 바비큐 버터 소스를 바르고 누룽지처럼 노릇하게 구워낸 콘립버터구이입니다. 눈꽃같이 포실하게 뿌려진 그라나 파다노 치즈도 빠질 수 없겠죠. 짭조름한 치즈의 풍미도 중앙시장과 참 잘 어울리기 때문에 넉넉하게 갈아 올려 봅니다. 달큼한 옥수수를 알알이 뜯어 토도독토도독 씹어 넘기노라면 바삭하고 깔끔한 중앙시장의 식감과 어울려 재미있는 놀이를 하는 것 같기도 한데요. 한여름 밤의 조용한 감상에 안주가 어울려 들자, 장난꾸러기 친구 하나가 술자리에 놀러 온 것만 같습니다. 어쩐지 자주 이루어질 듯한 삼자대면을 발견하게 되어 괜스레 뿌듯해집니다.

라인도이치의 손무성 대표는 이 중앙시장의 페어링으로 해산물, 그중에서도 멍게와 굴을 추천했는데요. 향긋한 해산물에 산뜻한 골든에일이라니. 상상 잠깐 해보았을 뿐인데도 바다와 내륙의 꽃밭을 오가며 세상을 휘돌아 마시는 신선놀음이 눈 앞에 펼쳐집니다. 하지만 멍게와의 페어링만큼은 현지인처럼 통영 중앙시장에서 먹어보고 싶어 아쉽지만 조금 뒤로 미뤄볼까 합니다. 남해 바다를 바라보며 먹는 라인도이치 펍의 문어새우튀김, 갓 잡아 올린 싱싱한 해산물들. 사랑하는 중앙시장에 맞춰 먹을 안주들이 이렇듯 줄을 서 있어, 통영 여행은 그려보는 것만으로도 즐겁습니다.

시원하게 넘겨대다 보니, 가득하던 눈앞의 금빛은 신기루처럼 사라져 버리고 말았습니다. 하지만 오아시스가 이렇게 쉽게 메말라 버리는 걸 그저 두고만 볼 수 있겠습니까. 사라진 추억으로 치부하며 돌아서기엔 해갈의 기쁨이 너무 강렬하거든요. 빈 잔이 마르기 전에 중앙시장을 채우며 나만의 샘을 한 번 더 길어 봐야겠습니다. 채워진 잔은 이내 또 비어버릴 테지만, 뭐 어떤가요. 단숨에 차오르던 그날의 제 마음이 아직도 여전히 중앙시장을 향하고 있으니 말입니다.

맥주 정보

- **맥주명**: 중앙시장
- **브루어리**: 라인도이치Rein Deutsch Brewery
- **맥주 스타일**: 골든 에일
- **시음평**: 입안에 팅커벨이라도 들어간 양, 마시는 내내 온통 반짝임을 느낄 수 있는 골든 에일
- **페어링과 그 밖의 추천 페어링**: 해산물 요리, 튀김 요리

맥주로 이어지는 아름다운 '동네들'을 꿈꾸며

안호균 편

맥주를 사랑하며 살아온 여정은 기어이 저를 두 번째 책으로 이끌었습니다. 10년 전 《맥주맛도 모르면서》를 출간한 이후, 맥주의 세계는 넓고 깊다는 사실을 매일 새롭게 깨닫습니다, 여전히 그리고 아직도.

이번 책 《우리 동네 크래프트 맥주》는 더 많은 분들께 크래프트 맥주의 다채로운 매력을 전하고 싶은 마음으로 썼습니다. 물론 가장 소중한 두 사람, 사랑하는 아내와 6학년 아들 유진이는 제가 맥주 이야기를 시작하면 적당히 맞장구치다 슬그머니 자리를 피하곤 합니다. 하지만 언젠가 유진이가 자라서 "우리 아빠가 맥주 하나는 기가 막히게 골랐지."라고 말해 주길 조심스럽게 기대해 봅니다.

이 책이 작은 길잡이가 되어, 더 많은 사람들이 '우리' 동네에서 맛있는 맥주를 발견하고 즐기는 계기가 되기를 바랍니다. 함께 한 잔 할 그날을 앙망하며!

나만의 색깔을 찾아서 떠나는 여행 - 컬러드

부산 앞바다의 거친 파도를 타보자! - 와일드웨이브

독일 맥주의 뿌리, 부산에서 싹을 틔우다 - 툼브로이 코리아

고도성장의 뒤안길에서 우리만의 맥주를 외치다! - 깍비어 컴퍼니

바닷가 작은 도시가 품은 커다란 맥주의 꿈 - 라인도이치

맥주의 숲을 탐험하는 강인한 고릴라처럼 - 고릴라 브루잉

- 송효정: 맥주 한 잔으로 시작하는 선명한 행복감

나만의 색깔을 찾아서 떠나는 여행

- 컬러드 -

여러분이 부산에 대해 갖고 있는 이미지는 무엇인가요? 중장년층이라면 조용필의 히트곡 〈돌아와요 부산항에〉가 먼저 떠오를지도 모르겠습니다. 야구팬이라면 당연히 롯데 자이언츠를 소환하며 〈부산 갈매기〉의 후렴구를 흥얼거리고 있을 듯합니다. 부산은 시원한 바다와 세련된 도시를 함께 누릴 수 있는 매력적인 여행지입니다. 해운대나 광안리, 그리고 해동용궁사나 감천문화마을처럼 사람들에게 이미 잘 알려진 관광지뿐만 아니라, 서면과 전포동, 영도와 송정 같은 개성 넘치는 공간들이 많은 이들의 사랑을 받게 되었죠.

반면, 대한민국을 대표하는 거점 국립대학교 가운데 하나이자 부산의 자랑인 부산대학교 앞이 이름난 관광 명소라는 이야기는 별로 들어본 적이 없습니다. 애초에 학문과 연구의 전당인 대학가가 여행지가 될 이유가 딱히 없긴 합니다만, 또 한편 홍대입구나 신촌, 건대 앞 등에 내외국인의 발걸음이 끊이지 않는 것을 보면 다소 의아하다는 생각도 듭니다.

하지만 부산대를 찾아갈 확실한 이유가 하나 있습니다. 바로 브루펍 '컬러드Coloredd'입니다. 컬러드가 지금의 위치에 문을 연 것은 2022년입니다. 언뜻 햇병아리 신생 업체인 것처럼 보이지만, 그 연혁은

부산대 앞 전경

2017년까지 거슬러 올라갑니다. 현재 컬러드의 양조, 경영, 재무, 그리고 마케팅 등 거의 모든 업무를 총괄하고 있는 강기민 대표는 직업군인으로 복무한 경험이 있는데, 전역 직후 아일랜드의 더블린을 여행하다가 운명처럼 맥주와 사랑에 빠지게 되었습니다.

"태어나서 줄곧 서울에서만 살던 제가 의지와 상관없이 갑자기 부산으로 내려오게 됐습니다. 아버지께서 사업에 실패하신 후 친척의 도움으로 부산대 앞에서 작은 오징어구이 가게를 운영하게 되셨는데, 어느 순간 그 점포를 제가 맡아서 하고 있더군요. 저의 부산 생활은 그렇게 시작됐습니다."

더블린에서 경험했던 강렬한 맥주의 매력을 잊지 못한 강 대표는 낮에는 열심히 오징어를 굽고 밤에는 홈브루잉에 매달렸습니다. 직접 만든 맥주를 아버지와 나눠 마시는 걸로 충분히 만족하고 있었지만, 운명은 강 대표를 기어이 맥주 업계로 끌어들이고 말았습니다.

"부산대 앞에서 나름 인기 있는 펍이었던 '벤스하버'의 대표님께서 맥주 양조를 같이 해보자고 제안해 주셨어요. 당시 저는 본격적인 상업 양조는 해본 적 없는 일개 홈브루어였으니, 제가 설계한 맥주 양조법으로 소비자에게 판매할 맥주를 만든다는 것은 굉장한 일이었죠. 이후 2017년에는 제가 아예 벤스하버를 인수하게 됐고요."

컬러드 양조장

벤스하버를 맡게 된 이후 강기민 대표는 자신만의 개성을 뽐내는 맥주들을 본격적으로 선보이게 됩니다. 당시에는 지금처럼 양조 설비가 없었기 때문에 위탁 양조 또는 이른바 '집시 양조'라 불리는 방법을 활용했습니다. 위탁 양조란 유휴 설비를 갖추고 있는 업체에 맥주 양조법을 제공하고 생산을 의뢰하는 방식을 뜻합니다.

"비록 규모가 작긴 해도 지금은 저희만의 양조 설비를 갖추게 되어 참 좋습니다. 위탁 양조를 할 때는 마치 내 아이를 남의 집에 맡기고 온 것 같은 기분이었거든요. 저희 맥주를 함께 생산해 주시는 양조사님들께서 최선을 다해주시리라 믿었지만, 소소한 부분들까지 챙기고 싶은 욕심 또한 당연히 있었습니다. 이제 한밤중에도 가게에 나와 진행 과정을 수시로 확인할 수 있어서 참 행복합니다."

막상 본인은 맥주를 잘 마시지 못한다고 고백한 강 대표는 맥주를 만드는 과정 그 자체, 그리고 자신이 만든 맥주를 다른 사람들에게 소개할 때 더 큰 기쁨을 느낀다고 합니다.

"어떻게 보면 맥주 자체는 그리 대단한 게 아니라고 생각해요. 맛있는 맥주를 통해서 사람들이 어떤 즐거움과 행복감을 느끼느냐가 저에게는 더 중요하거든요. 어차피 아무리 훌륭한 맥주라도 사람들의 인생 자체를 변화시킬 수는 없습니다. 다만 그 맥주를 마신 사람들이 조금이라도 더 힘을 낼 수 있고, 자신의 삶을 보다 멋지게 살아가는 동력을 얻기를 바랄 뿐이죠."

"재무나 회계, 그러니까 결국 돈과 관련된 일을 하는 게 역시 제일 힘들어요. 저는 양조할 때 가장 행복한 사람인데, 그걸 못 하는 상황도 역시 괴롭습니다. 벤스하버가 컬러드로 바뀌고 드디어 저희만의 장비를 갖추게 되면서 현재의 위치로 옮겨오게 됐습니다. 어서 빨리 양조 설비를 가동해서 사용해 보고 싶은데, 펍 내부 공사가 차일피일 지연되면서 각종 자재를 양조장에 쌓아둬야 했어요. 조바심은 계속 나는데 막상 할 수 있는 게 없는 상황이 정말 견디기 힘들었죠."

그 누구보다 맥주 양조에 진심인 강 대표는 컬러드가 좀 더 성장하고 안정적인 궤도에 접어들면 본인을 대신할 전문 경영인을 영입하고 싶다는 희망도 밝혔습니다. 마이크로소프트의 창업자 빌 게이츠가 소프트웨어 개발에 전념하고 싶다며 오래전 CEO에서 물러났던 것과 비슷한 상황이 과연 컬러드에서도 재현될 수 있을지 유심히 지켜볼 일입니다.

개인적으로 좋아하는 맥주를 세 가지만 꼽아달라는 부탁에 강기민 대표는 컬러드의 '장전 에일Jangjeon Ale'과 영국 '풀러스Fuller's Brewery'의 '런던 프라이드London Pride', 그리고 국내에는 정식 수입이 되지 않는 미국 '사이드 프로젝트Side Project Brewing'의 '비어:배럴:타임Beer:Barrel:Time, BBT'을 선택했습니다. 장전 에일과 런던 프라이드 모두 수더분하고 차분한 영국식 페일 에일인데, 이를 통해 컬러드가 지향하는 맥주의 일단을 살짝 엿볼 수 있었습니다.

그렇다면 이즈음에서 컬러드의 장전 에일과 같은 영국식 페일 에

장전 에일

일, 혹은 비터에 대해 잠깐 알아보는 것도 재미있을 것 같습니다. 맥주에 있어서 '페일'이라는 단어는 사전적 의미처럼 '창백하다'는 뜻보다는 '맑고 투명하다'는 의미에 가깝습니다. 이처럼 맑고 투명한 맥주 스타일로는 '페일 라거'와 '페일 에일'이 있는데, 전자는 버드와이저나 밀러, 또는 카스와 테라처럼 우리에게 친숙한 맥주들이 대표적입니다. 후자의 경우가 바로 장전 에일이라 할 수 있는데, 아직까지 편의점이나 마트에서 손쉽게 만나볼 수 있는 스타일은 아닙니다.

맥주를 만드는 기본 재료인 보리 몰트를 가공하는 기술, 특히 화력을 안정적으로 공급할 수 있는 장비나 연료가 없던 시절에는 몰트의 품질이 들쭉날쭉했고, 색상 또한 대개 거무튀튀했습니다. 포터나 스타우트 같은 검은색 맥주가 영국 맥주의 주류를 형성했던 것도 바로 이런 이유 때문입니다. 17세기 이후 좀 더 옅은 색깔의 몰트를 활용할 수 있게 되면서 적갈색이나 호박색에 가까운 맥주를 만들 수 있게 되었고, 여기에 홉을 적극적으로 활용해 향과 맛을 보탬으로써 '맑고 투명한' 페일 에일이 완성됩니다.

영국식 페일 에일의 별칭인 비터의 유래 역시 흥미롭습니다. 애초에 홉은 꽃이나 과일 또는 소나무나 풀과 같은 기분 좋은 풍미를 맥주에 입혀주지만, 동시에 씁쓸한 맛도 더불어 높이게 됩니다. 그렇다고 해서 무지막지한 쓴맛은 아니니 너무 염려할 필요는 없습니다. 포터나 스타우트 대신 비교적 홉의 캐릭터가 강한, 따라서 상대적으로 쓴맛이 부각되는 페일 에일을 선택했던 술집 손님들은 어쩐지 우쭐한 기분이 들었을 테지요. 이들이 자신들이 마시는 맥주, 나아가 자신들의 특별한 취향을 표현하기 위해, "비터 한 잔 주세요!Pint of bitter, pleaser!"를 자랑스레 외쳤고, 바로 여기에서 비터라는 이름이 탄생한 것으로 알려져 있습니다. 하지만 이제 영국식 페일 에일은 단아한 매력을 뽐내는 무던한 맥주로 여겨지고 있으니, 세월은 흐르고 사람들의 입맛도 변하는 모양입니다.

"개인적으로는 맥주 양조를 통해 신의 영역에 도전해 보고 싶습니다. 그리고 건방진 이야기처럼 들릴지도 모르지만, 조금씩 그 방향을 향해 나아가고 있다고 생각해요. 특히 배럴을 이용해 긴 시간과 많은 노력을 담아내는 고도수 맥주에 있어서는 어느 정도 저희만의 노하우를 축적한 상태입니다."

맥주 애호가들 사이에서 세계 최고의 양조장 가운데 하나로 평가되고 있는 사이드 프로젝트, 그리고 이들이 내놓는 주옥같은 맥주들 가운데에서도 독보적인 위치를 차지하는 BBT를 고른 강기민 대표의 속내를 짐작할 수 있는 대목입니다. 에베레스트에 등반하겠다는 포부 정도는 있어야 동네 뒷산에라도 꾸준히 올라갈 수 있다 했던가요? 세계 최고를 목표로 정진하고자 하는 강 대표의 모습을 보니 응원하는 마음이 자연스레 생겨납니다. 그리고 그 원대한 꿈의 실현 여부는 몇 년 뒤 우리 모두가 함께 확인해 보면 될 것 같습니다.

컬러드 펍과 맥주

"저를 믿고 저와 함께 컬러드를 이끌고 있는 직원들이 나중에 모두 벤츠를 탈 수 있으면 좋겠어요. 맥주 양조로도 충분히 생계를 꾸릴 수 있고, 노력에 대한 보상을 받을 수 있다는 것을 입증하고 싶습니다. 아 그리고 저는 자동차에는 딱히 관심이 없어서 벤츠를 구입할 생각은 없습니다. 저 빼고 저희 직원들만 탈 수 있으면 그것으로 충분합니다."

앞으로 강기민 대표가 그려 나갈 컬러드의 모습이 과연 어떤 색깔일지 지금으로선 알 수 없습니다. 다만 그 색깔이 개성 넘치고 재기발랄한 컬러드만의 유쾌함을 담고 있으리란 데에는 의심의 여지가 없습니다. 부산에는 해운대가 있고, 광안리가 있고, 태종대가 있고, 오륙도가 있습니다. 그리고 이제 컬러드도 있습니다.

"We all have a color!"
"우리 모두에게는 (저마다의) 색깔이 있다!"

- **브랜드명**: 컬러드
- **브루어리명**: 컬러드
- **설립 연도**: 2022년
- **형태**: ☐ 브루어리 ■ 브루펍 ☐ 직영펍 ☐ 계약 양조
- **특징**: 고도수 및 배럴 에이징 전문 양조장
- **주요 맥주 및 스타일**: L.U.C.A.(임페리얼 스타우트), 장전 에일(비터), 보통의 삶(라거)
- **주소**: (브루펍)부산시 금정구 부산대학로 63번길 39 1층 컬러드
- **인스타그램**: coloredd_brew, coloredd_pub
- **페이스북**: coloredd_pub

부산 앞바다의 거친 파도를 타보자!

- 와일드웨이브 -

최근 부산 송정에는 전국 각지에서 서퍼들이 모여들고 있습니다. 초심자들을 위한 서핑 강습도 활발하게 열리고, 서핑과 관련된 다양한 상점들도 속속 문을 열고 있죠. 서핑은 어쩐지 외국인들, 그중에서도 특히 체격이 건장한 젊은이들이 주로 즐길 것 같지만, 막상 송정 해변에 가보면 젊은이뿐만 아니라 장년의 여성들이 파도를 타는 모습도 어렵지 않게 목격할 수 있습니다.

물론 저는 거친 파도가 넘실대는 바다가 너무나도 무섭고, 제게 운동신경이나 균형감각은 마치 미적분과 삼각함수만큼 낯선 존재입니다. 서핑은 엄두도 못 내는 이유입니다. 그렇다고 실망할 필요는 없습니다. 저 같은 사람들을 위해 송정에서 태어나 영도에 터를 잡은 부산의 대표 양조장이 있으니까요. 비록 푸른 바다의 거친 파도를 탈 수는 없더라도, 우리에게는 맥주의 파도를 '서핑'할 수 있는 브루어리가 있습니다. 그곳은 바로 '와일드웨이브 브루어리Wild Wave Brewery', 말 그대로 야생 파도 양조장입니다.

우리나라나 이웃 나라 일본, 그리고 저 멀리 미국과 영국에서 수많은 크래프트 맥주 양조장들이 홈브루잉을 밑거름 삼아 탄생했습니다. 열혈 야구팬이나 축구팬이 경기 관전에 머물지 않고 사회인 야구나 조기축구에 직접 뛰어드는 것처럼, 맥주를 좋아하는 사람은 어느 순간 자신만의 맥주를 직접 만들고 싶다는 열망을 갖게 됩니다. 물론 여러 가지 제약이 있으니 그 비율이 현저히 높다고 할 수는 없습니다. 맥주 제조 과정에는 상당한 정도의 화력이 필요하고, 발효와 숙성에는 온도와 위생 관리가 필수이기 때문에 가족들의 이해와 지지가 핵심입니다. 폭증하는 가스비와 전기료는 말할 필요도 없겠지요. 그래서 장비와 노하우를 공유하며 맥주를 만들 수 있는 공방들이 전국 각지에 여럿 등장하게 되었습니다. 집에서 설 자리를 잃은 외로운 홈브루어들이 삼삼오오 모여들어 자기가 만든 맥주를 함께 나누며 공통의 취미를 추구하는 멋진 공간입니다. 최근에는 초심자들을 위한 강좌도 상시로 열리니 혼자 시작할 엄두를 내기 어려운 독자들은 이런 기회를 활용해도 좋을 듯합니다.

와일드웨이브는 홈브루어들의 취미 활동이 양조장 창업으로까지 이어진 매우 특별한 사례입니다. 지금은 와일드웨이브를 떠난 이창민

와일드웨이브 사우어 영도

전 대표를 중심으로 뜻을 같이하는 홈브루어들이 창업 프로젝트를 진행했고, 그 결과물로 송정에 와일드웨이브 양조장과 탭룸을 설립하게 되었습니다. '와일드웨이브'라는 상호는 송정 앞바다의 거친 파도를 나타내기도 하지만, 또 한편 이들이 추구하는 자연 발효 맥주, 즉 '와일드 비어'를 뜻하기도 합니다.

맥주는 크게 라거와 에일로 나뉩니다. 분류의 중심에는 발효를 통해 알코올과 이산화탄소를 만들어내는 이스트, 즉 효모가 있습니다. 라거 효모를 사용하면 라거 맥주가 나오고, 에일 효모를 활용하면 에일 맥주를 양조하게 됩니다.

반면 와일드 비어의 경우 깔끔하게 정리된 라거 효모나 에일 효모 대신, 야생에서 채집되었거나 자연스럽게 발효조 속으로 파고든 효모에게 발효 과정을 맡기는 방식을 택합니다. 최종 결과물을 예측하기 쉽지 않은 대신 변화무쌍한 맥주를 기대할 수 있지요. 와일드웨이브가 애초에 추구했던 야생의 정신은 그저 송정 앞바다의 거친 파도만을 의미한 것이 아니었던 셈입니다.

밀폐되지 않은 평평한 용기에 맥즙을 담아 일정 시간 이상 야외에 방치하면 인근 지역과 공기 중에 있던 효모가 맥즙 속으로 들어가 발효 과정이 시작되는데, 이런 방식으로 양조되는 맥주를 람빅이라고 합니다. 그리고 와일드웨이브가 궁극적으로 만들고자 하는 맥주 역시 바로 이런 람빅 스타일입니다.

"와일드웨이브라는 이름으로 창업을 한 것은 2015년입니다. 그리고 2017년에 송정에 브루펍을 만들 때까지는 위탁 양조를 통해 '설레임Surleim' 같은 맥주를 만들었죠. 제가 직접 창업 과정에 관여했던 것은 아니지만, 초창기 와일드웨이브 멤버들과는 계속 긴밀한 관계를 유지했습니다."

이창민 초대 대표의 뒤를 이어 현재 와일드웨이브를 이끌고 있는 김관열 대표는 2016년 무렵, 보다 체계적인 맥주 공부를 위해 독일 유학을 떠났습니다. 유학을 마치고 돌아와서는 국내 유수의 크래프트 맥주 양조장에서 본격적으로 현업에 뛰어들게 됐고, 2019년 드디어 와일드웨이브에 합류했습니다.

"이제 맥주는 어느 정도 안정적으로 잘 만들고 있다고 생각합니다. 사실 제가 와일드웨이브를 맡게 되면서 좀 더 많은 고민을 했던 부분은 사람과 경영입니다. 어떤 사람들과 어떻게 일하는 것이 더 좋을까, 그리고 어떻게 이 조직을 보다 효율적으로 만들어나갈까, 이런 고민들 속에 살고 있습니다."

코로나라는 뜻밖의 고난을 겪으면서 김 대표는 맥주의 양조와 판매가 함께 이뤄지는 브루펍 형태의 운영보다는 맥주 생산 자체에 집중하는 편이 장기적인 성장을 위해 더 바람직한 방향이란 결론을 얻었습니다.

설레임 사워 에일

"송정에서 출발했고 또 송정에 정이 많이 들었지만, 결국 떠날 수밖에 없는 상황이 발생했습니다. 그래서 양조 시설은 부산 내 산업 단지에 입주시키고, 펍은 이곳 영도로 이전하게 되었습니다. 맥주는 맥주대로 열심히 만들고, 새롭게 문을 연 펍에서는 이전과는 다른 경험과 서비스를 제공하는 것이 목표입니다."

영도는 서울의 성수동이나 문래동처럼 구도심의 역사를 그대로 이어가면서 새로운 활력을 찾기 위해 노력하는 지역입니다. 아직은 다소 어수선한 느낌도 있지만, '모모스 커피'나 '원지OneZ' 같은 매력적인 공간들이 속속 들어서고 있고, 와일드웨이브가 기획한 '사우어 영도Sour Yeongdo'도 힘을 보태고 있습니다.

"와일드웨이브의 방향성과 영도의 지역성을 하나로 모아 사우어 영도를 만들게 되었습니다. 아무래도 저희가 처음 소비자들의 관심을 끌게 된 것이 신맛 나는 맥주, 그러니까 사워 맥주였고, 앞으로도 그런 맥주들을 이곳 영도에서 계속 선보일 계획이라 사우어 영도는 적절한 이름이라 생각합니다."

와일드웨이브의 시작을 함께했고, 맥주 애호인들의 전폭적 지지를 이끌어냈으며, 지금까지도 양조장을 대표하는 맥주는 바로 설레임 사워 에일입니다.

경상남도 통영에서 크래프트 맥주 펍을 운영하는 한 친구가 들려준 개업 초창기 에피소드입니다. 부산과 통영은 비교적 가까이 위치해 있습니다. 게다가 와일드웨이브는 당시 이미 좋은 평가를 받는 양조장이었기에 이 친구는 야심 차게 설레임을 선택했다고 합니다. 하지만 처음 설레임을 마신 고객들의 반응은 싸늘했습니다.

"이 맥주 대체 뭔가요?"

"혹시 상한 맥주 파시는 건 아니죠?"

"사장님, 이런 건 미리 알려주셔야 하는 것 아닌가요?"

심지어 그 자리에서 바닥에 맥주를 뱉는 손님도 있었다고 하니, 당황스러웠을 법도 합니다. 하지만 이런 역경과 고난 속에서도 그 친구는 물러섬 없이 설레임을 꾸준히 소개했고, 몇 년이 지난 지금은 가장 사랑받는 맥주가 되었다고 합니다.

맥주에서 새콤한 맛이 난다는 것이 선뜻 이해되지 않거나, 낯설게 느껴질 수도 있습니다. 혹시 맥주가 상한 것은 아닐까 막연한 의심이 들 수도 있겠죠? 하지만 이러한 신맛은 사실 애초부터 의도한 것이고, 맥주 본연의 맛에 은은한 산미가 더해져 신선한 과일 풍미를 느낄 수 있게 되었습니다.

"이제 저희가 상시로 만드는 맥주는 총 네 가지 정도입니다. '설레임'과 '서핑하이Surfing High'같이 대중적 소구력이 큰 스타일에 집중하면서, 배럴을 활용한다거나 시즌에 맞는 개성 있는 맥주를 만들고 있습니다. 선택과 집중을 통해 브루펍이 아닌 양조장으로서의 면모를 갖춰나가고자 노력하고 있어요."

"직원을 뽑을 때 가장 중요하게 생각하는 것은 양조 과정 자체를 즐기는 자세입니다. 맥주를 좋아하는 것과 맥주 만드는 과정을 좋아하는 것은 전혀 다른 문제라고 생각합니다. 맥주 만드는 일 자체를 즐길 수 있는 사람들과 함께 부산에 보다 밀착된 양조장을 만드는 것이 바로 저희 와일드웨이브의 꿈입니다."

사우어 영도의 음식

프랑스 요리를 기반으로 다채로운 음식을 선보이는 사우어 영도에서는 부산항과 그 앞바다를 온전히 감상할 수 있습니다. 해 질 무렵 와일드웨이브가 자랑하는 '신맛 맥주'를 마시며 창밖을 바라보니 한낱 소심한 여행자에게 부산이라는 도시가 말을 걸어오는 것 같습니다.

송정의 거친 파도를 닮은 양조장으로 탄생한 와일드웨이브가 이제 영도 앞바다의 윤슬을 오롯이 담아내고 있습니다. 비록 열정과 기백을 담아 서핑보드를 움켜쥘 수는 없더라도, 야생의 숨결이 담긴 맥주 한 잔이라면 우리 모두 바다와 혼연일체가 되는 짜릿한 한순간을 경험할 수 있을 것입니다.

- **브랜드명**: 와일드웨이브
- **브루어리명**: 와일드웨이브
- **설립 연도**: 2015년
- **형태**: ■ 브루어리 □ 브루펍 ■ 직영펍 □ 계약 양조
- **특징**: 자연 효모와 미생물을 기반으로 로컬의 재료로 맥주를 만들고 있는 양조장
- **주요 맥주 및 스타일**: 설레임(사워 에일), 서핑하이(퀼시), 봄의이중주(와일드 에일)
- **주소**: (브루어리)부산 기장군 정관읍 산단7로 31
  (직영펍)부산 영도구 봉래동2가 115 끄티봉래 8F 사우어영도
- **홈페이지**: wildwavebrew.com
- **인스타그램**: wildwave.brew, sour_yeongdo

독일 맥주의 뿌리, 부산에서 싹을 틔우다

- 툼브로이 코리아 -

맥주에 특별한 관심이 없는 사람들도 일단 맥주라는 주제가 나오면 먼저 독일을 떠올리곤 합니다. 왜 독일 맥주가 훌륭한지, 얼마나 찬란한 전통을 가지고 있는지, 혹은 어떤 독일 맥주가 맛있는지 딱히 설명할 수는 없습니다. 그냥 독일 맥주는 어쩐지 맛있고, 언제나 근사할 것 같다는 막연한 생각이 듭니다. 저도 그렇습니다.

1인당 맥주 소비량에서 독일은 체코에 한참 못 미치고, 그 다채로움과 실험 정신에 서는 벨기에의 적수가 되지 못합니다. 세계 맥주 산업의 주도권은 9천여 개의 양조장이 날마다 새로운 맥주를 찍어내듯 만드는 미국이 쥔 지 이미 오래입니다. 물론 세계에서 가장 큰 맥주 시장은 당연히 중국이 차지하고 있지요. 그럼에도 불구하고, 우리는 어제도 오늘도 그리고 어쩌면 내일도 독일 맥주를 갈망하고 찬미할 것 같습니다. 대체 왜 그런 것일까요? 이에 대한 해답을 찾기 위해 독일에서 태어나 대한민국 부산에서 맥주를 만드는 안드레아스Andreas 대표를 만나보고자 합니다.

"안녕하세요! 저는 독일에서 온 안드레아스입니다. 부산 송정에서 '툼브로이Turmbräu' 양조장을 운영하고 있습니다. 맥주 양조에서부터 코스터를 주문하는 일까지 툼브로이와 관련된 거의 모든 일에 관여하고 있습니다. 그래도 가장 중요한 것은 아무래도 맥주를 만드는 일이겠지요. 납품용 생맥주 케그와 판매용 캔맥주가 떨어지지 않도록 해야 하고, 시즈널 맥주를 개발하고 생산하는 것이 제가 맡은 주된 임무입니다."

지금은 부산 송정에 터를 잡고 있지만, 툼브로이는 독일 남부 뮐도르프Mühldorf' am Inn'에서 17세기 후반 탄생했습니다. 1907년 요제프 그래츠Josef Grätz가 툼브로이를 인수했고, 안드레아스는 그 집안의 6대손으로서 독일에서 시작된 맥주 양조의 전통을 우리나라에서 이어가고 있습니다. 말하자면 대한민국 순두부 장인의 증손자가 미국 뉴욕에서 가업을 계승하고 있는 것과 비슷한 상황입니다.

"저희 가문의 전통이라 할 수 있는 맥주 양조를 한국에서 계속할 수 있다는 것은 저에겐 큰 영광이자 기쁨입니다. 툼브로이에서 제공하는

툼브로이의 양조장

맥주와 음식 모두 독일에 있는 제 고향에 가셔서 드실 수 있는 것과 똑같이 만드는 게 저희의 목표입니다. 고객들께서 양조장과 탭룸을 방문하셨을 때, 마치 독일에 온 듯한 기분을 느끼실 수 있도록 노력하고 있습니다."

앞서 우리나라 사람들이 독일 맥주에 대한 막연한 호감 또는 긍정적 태도를 갖고 있다 말씀드린 바 있습니다. 그렇다면 정통 독일 맥주를 표방하는 툼브로이의 맥주 역시 별다른 어려움 없이 국내 맥주 시장에 안착하지 않았을까 짐작해 보게 됩니다.

"2020년 12월 개업을 앞두고 모두 여섯 가지의 맥주를 만들어야 했습니다. 양조 장비를 설치하고 처음 맥주를 만드는 것이었기 때문에 양조 과정을 전부 새롭게 구상해야 했습니다. 절대 실수가 용납되지 않는 상황이었기에 개인적으로 느끼는 압박감이 상당했습니다. 그래도 막상 완성된 맥주를 마셔보니 제가 희망했던 그대로의 맛을 보여주었고, 개업하는 날 가족, 친구, 그리고 손님들께 제공할 수 있었습니다. 다행이었죠."

그렇다고 툼브로이의 설립과 운영이 마냥 순조로웠던 것만은 아닙니다. 외국에서, 아니 고향을 떠나 다른 지역에서 여행, 유학, 취업 또는 사업을 해본 사람들이라면 누구든 공감할 수 있듯, 낯선 곳에서 사업체를 직접 운영한다는 것은 결코 만만한 일이 아닙니다.

"아쉽지만 제 한국어가 예전에도 그리 훌륭하지 못했고, 안타깝게도 지금도 그리 훌륭하지 못해요. 그러다 보니 양조장 공사를 진행할 때 여러모로 어려움이 많았습니다. 부동산이나 배관 업체와 직접 소통할 수가 없었고, 반드시 통역을 해줄 누군가가 필요했습니다. 그리

툼브로이 탭룸

고 양조장을 시작할 무렵엔 코로나 전염병으로 인한 제한 조치가 한창 시행되고 있었는데, 몇 주 또는 몇 달 단위로 계속 변화하는 상황에 대처한다는 게 쉬운 일이 아니었습니다."

그래도 지금은 전국적으로 툼브로이라는 이름이 꽤 널리 알려졌고, 다른 양조장이나 펍들과 다채로운 협업을 진행하고 있을 뿐만 아니라, 툼브로이의 맥주를 마시기 위해 일부러 부산까지 찾아오는 팬들이 생길 정도로 안정적인 궤도에 진입했습니다.

툼브로이의 1층은 양조장과 주방, 그리고 맥주를 주문할 수 있는 공간으로 꾸며져 있고, 2층은 음식과 맥주를 함께 즐길 수 있는 펍으로 구성되어 있습니다. 2층 펍에 자리를 잡고 앉아 우선 헬레스helles 맥주를 한 잔 주문합니다. 그리고 커리 부어스트curry wurst나 슈니첼schnitzel 같이 맥주와 아주 잘 어울리는 독일 음식도 함께 주문합니다. 펍 안쪽으로 좀 더 들어가면 아래층에 설치된 양조 설비를 유리창 너머로 내려다볼 수 있는데, 이국적 감흥이 용솟음치면서 맥주 맛이 증폭됩니다.

"미국이나 벨기에 맥주와 비교했을 때, 독일 맥주는 확실히 좀 단순한 편이에요. 독일 양조장들은 제한된 재료만으로 다채로운 맥주들을 만들기 위해 고군분투해 왔고, 그 와중에 훌륭한 맥주 스타일을 개발하고 발전시켰습니다. 과즙이나 허브 같은 재료를 자유롭게 활용할 수 없기 때문에 창의성을 최대한 발휘하는 쪽으로 발전이 이루어진 것 같습니다. 독일에서 IPA나 사워 맥주를 발견하는 것은 비교적 어려운 일이지만, 대부분의 양조장들이 매우 높은 기준을 가지고 무척 훌륭한 라거나 밀맥주를 만들고 있다고 생각해요. 놀라운 일이죠."

맥주와 잘 어울리는 독일 음식

안드레아스의 이야기처럼 독일에서는 맥주에 사용할 수 있는 재료를 엄격히 제한하고 있습니다. 이것을 '독일맥주순수령Reinheitsgebot'이라고 하는데, 1516년 독일 바이에른 지방에서 공표된 이 법령은 아직도 강력한 영향력을 발휘합니다. 맥주에는 물, 맥아, 그리고 홉 이외에 그 어떤 부재료도 사용할 수 없고, 이를 어길 경우 형벌이나 높은 벌금을 부과할 수 있도록 한 순수령은 이후 독일 맥주 산업의 형성과 성장에 막대한 영향을 미치게 됩니다.

긍정적인 측면으로는 소비자의 건강을 위협할 수 있는 원재료의 사용을 원천적으로 차단한 것입니다. 당시에는 독특한 풍미를 얻기 위해 버섯 또는 각종 허브, 심지어 뱀 껍질 등을 맥주에 활용하곤 했는데, 배탈뿐만 아니라 치명적인 인명 사고가 심심치 않게 벌어졌다고 합니다. 또한 맥주 양조에 오직 보리만 사용하게 되면서 밀이나 호밀,

귀리 같은 여타 식용 곡물의 안정적 공급이 가능해졌습니다. '빵이냐, 맥주냐, 그것이 문제'인 상황은 더 이상 벌어지지 않게 되었습니다. 보리는 맥주에, 나머지 곡물은 빵에 사용하면 되니 사회 전체의 효용이 증대되는 효과를 얻게 된 셈입니다.

게다가 제한된 재료만을 사용해야 하는 상황 속에서 각각의 양조장들은 저마다의 개성과 상품성을 보여주기 위한 선의의 경쟁을 펼치게 되고, 이것이 오늘날 독일 맥주에 세계적인 명성을 안겨다주는 토대를 이루게 됩니다. "예술의 적은 (다름 아닌) 제약의 부재이다The enemy of art is the absence of limitations."라는 오슨 웰스Orson Welles, 《시민 케인》의 감독)의 지적처럼, 독일 맥주에 가해진 제약이 도리어 독일 맥주의 창의성을 극대화하는 효과를 낳은 것입니다. 그리고 이러한 독일 맥주의 오랜 전통을 툼브로이가 이어나가고 있습니다. 바로 이곳 대한민국 부산에서!

하지만 순수령이 마냥 순기능만을 보여준 것은 아닙니다. 아무리 기술력이 뛰어나다 해도 사용할 수 있는 재료 자체가 제한된 상황에서 도드라지는 개성을 지닌 독특한 맥주, 특이한 맥주를 만들어내기는 어렵습니다. 인간의 창의성은 제약이 가해질 때 비로소 찬란한 꽃을 피운다고 하지만, 근본적 한계를 뛰어넘는 것은 현실적으로 무척 힘든 일입니다. 그렇다 보니 "독일 맥주는 맛있긴 한데, 죄다 거기서 거기 같아."라든가, "독일 맥주는 몇 번 마시면 좀 질려." 같은 평가도 종종 듣게 됩니다. 이런 이유로 최근 독일에서도 '크루 리퍼블릭Crew Republic'이나 '푸어스트 비아첵Fuerst Wiacek' 같은 크래프트 맥주 양조장들이 주목받고 있는데, 과연 순수령의 전통과 새로운 시대의 요구를 어떻게 조화시켜 나가는지 유심히 살펴볼 일입니다.

"툼브로이에서는 제가 나고 자란 고향에서 인기 있는 전통적인 맥주 스타일을 지켜나가는 데 초점을 맞추고 있습니다. 그래서 헬레스나 바이젠 등 독일 남부 지역의 맥주들을 주로 만들고 있고, 코어 라인업에는 재료의 사용도 엄격히 제한하고 있어요. 또 페일 에일이나 IPA 같이 독일 스타일이 아닌 맥주를 양조할 때도 독일산 홉만을 사용하는 방법 등을 통해 저희만의 개성을 불어넣고 있습니다."

부산에서 독일맥주순수령을 지켜나가는 것을 자랑스럽게 여기는 양조가 안드레아스, 그리고 바다를 옆에 끼고 있어 언제나 여행하는 기분으로 살 수 있어 좋다는 부산 시민 안드레아스는 평소 어떤 맥주를 즐겨 마시는지 궁금해졌습니다.

"개인적으로 좋아하는 맥주로 먼저 툼브로이의 호밀 맥주인 '로겐 Roggen'을 꼽고 싶습니다. 호밀 맥주는 독일을 비롯한 유럽에서 흔히 접하기 힘든 스타일이라, 각종 기록과 문헌을 참고하면서 저만의 호밀 맥주 양조법을 완성했어요. 툼브로이에서 대규모로 양조하기 전에는 저희 집 부엌에서 20리터 단위로 만들곤 했는데, 제 입맛에 딱 맞아서 결국 툼브로이의 코어 라인업에도 추가하게 되었습니다. 그리고 두

가지 정도 다른 맥주들을 생각해 보면 모두 부산에 있는 양조장에서 나온 제품들인데, 하나는 '갈매기Galmegi Brewing Company'의 '해Hae IPA'이고, 다른 하나는 '와일드웨이브'의 '설레임 사워 에일'입니다. 갈매기는 홉이 부각되는 맥주를 정말 잘 만드는 것 같고, 설레임은 제가 예외적으로 자주 마시는 사워 맥주입니다. 균형감이 돋보이는 잘 만든 맥주예요."

매년 9월 말부터 10월 중순까지 독일 뮌헨에서는 세계 최대 규모의 맥주 축제인 옥토버페스트Oktoberfest가 열립니다. 해마다 600만 명 이상의 사람들이 오로지 맥주 하나를 위해 모여드는 장대한 이벤트가 어느덧 200년 넘게 진행되고 있습니다. 다만, 우리 같은 보통 사람들이 옥토버페스트를 마음껏 즐기기엔 몇 가지 어려움이 뒤따르는 것도

툼브로이의 맥주

사실입니다. 먼 길을 나서기에 충분히 긴 휴가를 얻기도 힘들거니와, 축제를 맞아 서너 배 이상 치솟는 숙박비 또한 부담입니다. 하지만 부산은 다릅니다. 수도권에서도 세 시간 이내에 갈 수 있고, 한여름 휴가철을 제외하면 비용도 저렴합니다. 게다가 1년 내내 독일 맥주를 마음껏 즐길 수 있는 툼브로이가 있습니다.

"10년 뒤에도 툼브로이가 지금과 비슷한 모습이면 좋겠어요. 물론 규모는 좀 더 커져야겠죠? 저희는 계속해서 맥주를 양조하고 정통 독일 음식을 만들고 있을 거예요. 하지만 미래에는 좀 더 많은 사람에게 다가갈 수 있는 툼브로이가 됐으면 좋겠습니다. 만약 계획대로 일이 잘 풀려나간다면, 사람들이 집 근처에서 저희 맥주를 보다 손쉽게 만날 수 있게 될 거예요. 그리고 송정에 있는 저희 양조장을 방문하신다면 맛있는 맥주로 가득 찬 훨씬 더 많은 맥주 탱크를 보시게 될 겁니다."

딱히 구체적이고 거창한 포부는 아니지만, 지금 열심히 하고 있는 일을 앞으로도 열심히 하고 싶다는 안드레아스의 바람에서 툼브로이의 맥주가 지향하고 있는 현재와 미래의 모습을 읽을 수 있습니다. 새로운 스타일의 맥주가 끊임없이 등장하고 또 사라져 가는 분주한 맥주 시장에서 언제든 찾아가서 만날 수 있는 오랜 친구 같은 맥주 양조장이 있다는 것은 사뭇 마음이 놓이는 일입니다. 조금 심심해도 좋으니 지금의 모습을 굳건히 지켜나갈 수 있기를 마음속으로 빌어 봅니다.

- **브랜드명**: 툼브로이
- **브루어리명**: 툼브로이 코리아
- **설립 연도**: 2020년
- **형태**: □ 브루어리 ■ 브루펍 □ 직영펍 □ 계약 양조
- **특징**: 독일 양조 가업을 이어, 기본에 충실한 독일 맥주를 양조
- **주요 맥주 및 스타일**: 헬레스(라거), 로겐(호밀 맥주), 바이젠(밀맥주)
- **주소**: (브루펍)부산 해운대구 해운대로 1244
- **인스타그램**: turmbrau_korea
- **페이스북**: Turmbräu-Korea-102802084861921

고도성장의 뒤안길에서 우리만의 맥주를 외치다!

- 끽비어 컴퍼니 -

8·90년대 서울에서 청소년기를 보낸 사람들이라면 종로 세운상가에 대한 저마다의 추억을 갖고 있기 마련입니다. 설령 직접적인 경험이 없었더라도 친구, 삼촌, 그리고 동네 형에게서 들은 각종 무용담 한두 가지 정도는 있으리라 짐작해 봅니다. 이른바 '보따리장수'들이 외국에서 몰래 들여온 휴대용 음향기기를 구입하러 가거나, 미군 기지에서 불법적으로 흘러나오는 성인용 잡지나 비디오를 손에 넣으려는 시도는 꽤 오랜 세월 동안 지속됐으니까요.

하지만 이런 다소 어둠의 이야기(?)들과 달리 60년대 중반 건립된 이래 오랜 세월 동안 전자제품이나 기계 부품 등에 있어서 당대 최고의 집적도와 전문성을 자랑했던 곳이 바로 세운상가입니다. "세운상가를 한 바퀴 돌면 탱크 한 대는 너끈히 만들 수 있다."는 우스갯소리

세운상가 전경

가 있을 정도였으니까요. "세계의 기운이 이곳으로 모이라."는 거창한 이름을 내걸고 건립된 세운상가는 7·80년대 전성기를 지나 90년대부터는 서서히 쇠락의 길을 걷게 됩니다. 21세기부터는 세운상가를 되살리려는 다채로운 노력이 펼쳐지게 되는데, 지금까지의 상황을 보면 대략 절반의 성공 정도로 평가할 수 있을 것 같습니다.

세운상가를 둘러싼 변화의 바람 그 끝자락에 '끽비어 컴퍼니Ggeek Beer Company'가 자리 잡고 있습니다. 전성기를 훌쩍 넘긴 전자제품 상가와 크래프트 맥주, 선뜻 연결하기 어려운 조합이라는 생각이 듭니다. 대체 이 거대한 건물 어디 쯤에 맥주 양조장의 탭룸이 있는 것일까요?

[서울 중구 을지로 157 대림상가 외부 3층 카페 EFF와 조명 가게 사이]

이것이 바로 끽비어 컴퍼니의 공식 주소입니다. 초행길에 단박에 찾아가는 사람이 거의 없다는 이야기가 과장은 아닌 모양입니다. 주소에서 바로 비범한 기운을 확인할 수 있습니다. 끽비어가 이처럼 다소 외지고 허름한 세운상가 한 모퉁이에 처음 문을 연 것은 2018년이었습니다.

"안녕하세요! 저는 끽비어에서 영업과 회계 등 온갖 잡다한 일을 죄

끽비어 컴퍼니 탭룸 전경

다 맡아서 하고 있는 이충원입니다. 이사 직함을 갖고 있긴 하지만, 사실 회사의 마당쇠라 봐주시면 될 것 같습니다. 홍중섭 대표를 비롯한 저희 여섯 사람은 끽비어를 함께 창업하기 전에도 모두 맥주 업계에 몸담고 있었습니다.

각자의 회사에서 월급쟁이 직원으로 일하면서 저희는 주로 제안하고 설득하는 입장에 놓여있었습니다. 그러다 어느 순간 '우리들'만의 맥주를 '우리들' 마음대로 '우리들'끼리 만들어보자는 데 뜻을 모으게 됐어요. 회사의 이름을 고민하던 중, '끽연'이나 '만끽' 같은 단어를 떠올리게 되었는데요, '먹는다' 또는 '마신다'는 의미의 '끽喫'이 저희의 방향성에 잘 맞는 것 같아 별다른 고민 없이 사명으로 선택했습니다."

반듯한 자세와 흐트러짐 없는 말투가 영락없이 대기업 홍보 담당자를 연상시키는 이충원 이사 역시 양조사로서 현업에 종사한 이력이 있습니다. 현재는 직접 양조 과정에 관여하지는 않지만, 업계 관계자와 신규 창업자들을 대상으로 하는 드래프트 맥주 시스템 관리 교육을 꾸준히 진행하고 있습니다.

을지로 탭룸 오픈 후 약 1년 반 뒤, 끽비어 컴퍼니의 맥주 양조장이 고양시에서 가동을 시작했습니다. 현재 끽비어가 연중 생산하는 맥주는 페일 라거 '꿀꺽Ggulggeok', 페일 에일 '스밈Smimm', 그리고 포터 '캄캄Calm Calm'까지 총 세 종류입니다. 적당한 가격과 준수한 접근성, 그리고

끽비어 컴퍼니의 맥주들

단정한 레이블 디자인 등이 호평을 받으면서 세 가지 맥주 모두 해당 스타일에서 소비자들의 꾸준한 사랑을 받고 있습니다.

"제가 무인도에 조난을 당하더라도 아마 저 세 가지 맥주를 마시고 싶을 거예요. 거창하고 어려운 맥주를 선보이기보다는 누구나 쉽게 접근할 수 있는 일상적인 느낌의 맥주를 만들고 싶었습니다. 조금 심심하지 않으냐 지적하시는 분들도 계시지만, 일단 맥주는 여러 병 계속 마실 수 있는 게 미덕이라고 믿습니다. 옆에 함께 조난당한 사람이 있다면 기꺼이 저희 맥주를 같이 나눠 마셔도 좋을 것 같고요."

그렇지만 끽비어 컴퍼니가 마냥 무난하고 대중적인 맥주만 만드는 것은 아닙니다. '월간 끽비어'라는 타이틀의 맥주 연작 프로젝트를 통해 코어 제품과는 완전히 다른 맥주를 매달 선보이고 있기 때문입니다. 소금과 라임이 들어간 멕시칸 스타일 라거 '굿굿Good Good', 헤이즐넛과 카카오를 넣은 드라이 스타우트 '뷰티풀 마인드Beautiful Mind', 지역 특산물인 성주 참외를 활용한 '참외 사워Chamoe Sour', 그리고 제주 감귤꽃꿀을 넣은 세종 '봄의 모양Shape of Spring' 등은 독특한 개성과 상품성으로 고른 인기를 얻은 바 있습니다.

"양조사들이 정말 만들고 싶은 맥주를 만드는 것이 '월간 끽비어'의 핵심 가치입니다. '제가 보스턴에 있었을 때When I was in Boston'라는 호피 앰버 라거hoppy amber lager를 만든 적이 있는데, 이 맥주는 순전히 저희 회사 김대건 양조사의 개인적인 경험을 바탕으로 했습니다. 본인이 미국 보스턴에 유학하던 시절 즐겨 마셨던 맥주가 앰버 라거였는데, '월간 끽비어'를 통해 직접 해당 스타일의 맥주를 만들어본 것이죠."

앰버 라거는 호박색을 띠는 라거 맥주로서 토스트나 캐러멜의 풍미를 물씬 느낄 수 있는 매력적인 스타일입니다. '뉴욕 브루클린 브루어리'의 '브루클린 라거Brooklny Lager'나 '보스턴 비어 컴퍼니'의 '새뮤엘 아담스Samuel Adams Boston Lager' 등의 전설적인 맥주들이 바로 앰버 라거의 대표 선수들이라 할 수 있죠. 저 역시 샘 아담스 덕분에(혹은 때문에) 드

제가 보스턴에 있었을 때

넓은 맥주의 세계에 입문하게 된 셈이라 끽비어의 '제가 보스턴에 있었을 때'를 좀 더 흥미롭게 즐길 수 있었습니다. 보리 몰트에서 뿜어져 나오는 풍미가 지배적인 전통적인 앰버 라거에 홉의 향긋함과 쌉쌀함을 보탰다는 점에서 재기발랄함이 엿보였습니다. 바로 이런 부분이 많은 맥주팬들이 끽비어를 사랑하는 이유입니다.

“다양성이야말로 크래프트 맥주가 가진 커다란 매력이라 생각합니다. 어차피 인생은 길지 않고, 자신이 좋아하는 것, 즉 자신만의 취향을 최대한 빨리 발견하는 것이 중요한 것 같습니다. 크래프트 맥주가 이런 부분에 기여할 수 있기를 바라는 마음을 갖고 있고요. 꿀꺽이나 스밈 같은 무난한 맥주가 일반 대중에게 가깝게 다가가기 위한 노력이라면, 월간 끽비어나 간헐적으로 출시하는 시즈널 맥주들은 나만의 취향을 찾아내기 위한 여정인 셈입니다.”

현재 끽비어는 양조장은 경기도 고양시에, 직영 탭룸은 서울 을지로에 두고 있습니다. 맥주 양조와 판매가 한곳에서 이뤄지는 형태를 브루펍이라 하는데, 현재 국내에는 꽤 많은 브루펍들이 활발하게 영업 중입니다. 하지만 끽비어는 양조장과 매장이 상당히 멀리 떨어져 있는 편입니다.

“브루펍 형태도 분명 많은 장점을 갖고 있다고 믿습니다. 하지만 서울 시내에 양조장을 차리는 게 여러모로 어려운 상황에서, 직영 매장은 반드시 서울에 열고 싶었습니다. 고객과의 접점을 만들고 저희 맥주를 소개하는 데 좀 더 유리할 것으로 판단했습니다. 그리고 장점도 여럿 있거든요. 예를 들면 양조사들은 매장 영업에 구애받지 않고 양조 과정에만 오롯이 집중할 수 있습니다. 또한 독립적으로 펍을 운영하는 경험을 통해 저희 맥주를 사용해 주시는 업주분들의 입장이나

고충도 이해할 수 있게 됩니다."

19세기 미국의 시인이자 철학자 랄프 왈도 에머슨Ralph Waldo Emerson은 "아름다움에 대한 사랑이 바로 취향이며, 아름다움의 창조가 곧 예술이다"라 이야기한 바 있습니다. 비록 우리가 가진 능력과 재주가 부족하여 예술 창조의 고귀한 여정에 인생을 바칠 수는 없을지언정, 우리의 취향을 찾는 즐거운 모험을 통해 아름다움에 대한 사랑을 고양시키는 일이라면 충분히 도전할 수 있으리라 믿습니다.

"맥주는 공산품이기도 하지만, 동시에 사람들이 마시는 음료이자 식품입니다. 따라서 사람들이 없다면 맥주는 결국 아무것도 아닌 셈이죠. 끽비어의 맥주가 사람과 사람을 이어주는 훌륭한 연결고리가 될 수 있기를 바라는 마음으로 맥주를 만들고자 합니다."

석양이 내려앉은 세운상가에는 일과를 모두 마친 업체들의 불 꺼진 창문과, 직장인들의 퇴근 시간에 맞춰 영업을 시작하는 가게들의 환한 불빛이 마치 반상 위의 바둑돌처럼 어우러집니다. 우리나라의 급격한 산업화와 고도 성장기를 상징적으로 보여주는 세운상가는 이제 강렬한 스포트라이트에서 살짝 벗어난 뒤안길로 향하고 있는지 모릅니다. 하지만 맥주를 통해 자신의 취향을 발견하고, 타인의 취향을 존중하며, 이러한 취향과 취향이 이어져 새로운 미래를 모색하는 우리의 여정은 이제 막 시작되었을지도 모릅니다. 어쩌면 진정한 모험의 첫걸음은 바로 오늘일 수도 있다는 희망을 조심스레 가져봅니다. 그렇게 또 한 잔의 맥주를 만끽하면서!

- **브랜드명**: 끽비어
- **브루어리명**: 끽비어 컴퍼니
- **설립 연도**: 2023년
- **형태**: ■ 브루어리 □ 브루펍 ■ 직영펍 □ 계약 양조
- **특징**: 탄탄한 연중 생산 제품과 매달 새롭게 선보이는 월간 끽비어 콘텐츠로 다양성을 알리는 양조장
- **주요 맥주 및 스타일**: 꿀꺽(라거), 스밈(페일 에일), 캄캄(포터)
- **주소**: (브루어리)경기 고양시 덕양구 고골길 128-10 가동
  (직영펍)서울 중구 을지로 157 대림상가 다열 3층 376호
- **홈페이지**: www.ggeekbeer.com
- **인스타그램**: ggeek_brewery, ggeek_beer
- **페이스북**: ggeekbeer

바닷가 작은 도시가 품은 커다란 맥주의 꿈

- 라인도이치 -

경상남도 통영은 서울과 수도권에서는 차로 약 네 시간, 비교적 가까운 부산에서는 약 한 시간 반이 소요되는, 인구 12만의 작은 도시입니다. 서쪽으로는 남해, 동쪽으로는 거제, 북쪽으로는 진주와 이웃하고, 대마도뿐만 아니라 일본 본토와도 200킬로미터도 떨어지지 않은 지척에 위치해 있습니다. 통영은 잘 모르더라도 박경리 작가와 충무김밥, 그리고 통영국제음악제 정도는 꽤 많은 사람이 알고 있지 않을까 싶습니다.

'바다의 땅'을 슬로건으로 내세울 정도로 통영과 바다는 떼려야 뗄 수 없는 관계입니다. 한산도에서 시작해 여수까지 이어지는 한려해상국립공원의 시발점이 되는 통영은 수많은 섬에 둘러싸여 있고, 시내 어디서든 도보 10분 정도면 바닷가에 닿을 수 있으니, 바다의 땅이라

라인도이치 전경

는 표현이 결코 과장은 아닌 듯합니다.

그리고 이런 아름다운 바닷가 한편에 '라인도이치 브루어리Rein Deutsch Brewery'가 자리 잡고 있습니다. 제주도에도, 속초에도, 그리고 부산에도 멋진 맥주 양조장들이 많지만, 창가에 앉아 맥주를 마시며 지척의 바다를 온전히 느낄 수 있는 곳은 라인도이치가 국내에서 유일하다 할 수 있습니다.

"안녕하세요! 저는 라인도이치의 대표와 헤드 브루어로 일하는 손무성입니다. 직함은 언뜻 근사해 보이지만, 마케팅과 디자인, 그리고 주방까지 모두 제가 담당하는 업무들입니다. 그리고 각종 맥주 행사에 참가하는 것 역시 제가 맡은 매우 중요한 일입니다. 라인도이치가 작년과 올해에 걸쳐 전국적으로 가장 많은 맥주 축제에 참여하지 않았나 싶은데, 덕분에 저도 전국 방방곡곡 안 다녀본 곳이 없습니다."

라인도이치가 통영에 문을 연 것은 2019년 하반기의 일입니다. 하지만 그 연혁을 따져보면 좀 더 오래전으로 거슬러 올라가게 되는데, 2002년 국내에 들어온 독일계 맥주 프랜차이즈 '데바수스Debassus'가 그 시발점입니다. 2002년 한일 월드컵 개최쯤, 정부가 기존의 주세법을 다소 완화하여 소규모 맥주 양조와 판매를 허용했습니다. '플래티넘Platinum Craft Brewing Company', '카브루Kabrew', 그리고 '바네하임Brauhaus Vaneheim' 등 이른바 1세대 크래프트 맥주 양조장들이 바로 이때 탄생했고, 데바수스 또한 유망한 상권 곳곳에 점포를 개점하였습니다.

하지만 1세대 크래프트 맥주 업체들은 한 가지 치명적인 약점을 안고 있었습니다. 바로 자신들이 만든 맥주를 외부로 유통할 수 없다는 것이었죠. 자체적으로 생산한 맥주는 어떤 식으로든 자체적으로 소진해야 했기 때문에 애초에 지속가능성에는 확실한 한계가 있었던 셈입니다. 당시에는 '크래프트craft'나 '수제' 맥주라는 명칭보다 '하우스house' 맥주라는 이름이 보다 널리 사용되었는데, 그 또한 바로 이러한 이유 때문입니다.

"아버지께서는 서울에서 꽤나 성공적인 비즈니스맨으로 활동하셨습니다. 그러다 우연히 통영을 여행하시게 됐는데, 이곳의 수려한 자연환경에 흠뻑 빠지셨던 모양입니다. 데바수스의 랄프 게베트Ralf Gerwert 대표와는 독일 출장을 통해 이미 개인적인 인연이 있었는데, 마침 데바수스 코리아가 설립되면서 아버지께서 자연스럽게 통영에 양조장을 열게 되셨죠. 이미 20년 전부터 저는 통영에서 양조장을 꾸려야 할 운명이었나 봅니다. 현재의 물가로 따져봐도 상당히 값비싼 장비를 독일에서 가져와 맥주를 만들기 시작했는데, 맥주 맛 자체에는 큰 문제가 없었습니다. 다만 법률에 따른 제약도 있었고, 시장 규모 또한 비교적 작았기 때문에 맥주만으로 사업을 계속 이어나가는 것이 쉽지 않았습니다. 결혼식이나 돌잔치 같은 행사를 유치하면서 명맥을 유지하긴 했지만, 2002년 영업 시작 이후 약 10년 만에 결국 데바수스를 폐업하게 됐죠."

라인도이치의 설비

그런데 2014년 뜻밖의 놀라운 일이 벌어집니다. 주류 업계의 끈질기고 지속적인 요청이 받아들여져 주세법이 바뀌었고, 덕분에 소규모 맥주 양조장이 자신들의 제품을 외부로 유통할 수 있는 길이 열리게 됩니다. '어메이징 브루잉 컴퍼니Amazing Brewing Company', '크래머리Kraemerlee Brewery', '핸드앤몰트The Hand & Malt Brewing Company', 그리고 '맥파이Magpie Brewing Company' 등 지금은 맥주팬들에게 널리 이름이 알려진 맥주 양조장들도 2014년의 법률 개정 이후 새롭게 등장한 업체들입니다.

"2014년 주세법이 개정된 뒤 아버지께서는 다시 한번 양조장을 시작하고 싶어 하셨습니다. 그때 저는 서울에서 멀쩡히 직장 생활을 하고 있었는데, 아버지께서 제가 이 일을 맡아서 하면 어떻겠냐고 설득하셨어요. 야심 차게 맥주 양조 사업에 뛰어들었지만, 성공적으로 마무리하지 못하셨던 게 못내 아쉬우셨던 것 같습니다. 한참 고민을 하다가 저는 서울에서 영업을 맡고, 아버지께서는 통영에서 생산을 책임지시는 형태로 다시 맥주 양조를 시작하게 됐습니다. 그게 2019년 여름입니다."

외국계 회사의 국내 영업을 담당하고 있던 손무성 대표는 맥주를 좋아하긴 했지만, 맥주 양조나 관련 법률, 업계 동향에 대해서는 아는 바가 거의 없었습니다. 맥주만 맛있다면 그걸 판매하고 유통하는 것은 어렵지 않으리라는 믿음으로, 또 한편으로는 절반의 성공으로 끝난 아버지의 꿈을 함께 이뤄보겠다는 희망으로 라인도이치를 시작하게 된 셈입니다.

“직장 생활에서는 제게 주어진 업무만 잘 해내면 특별히 문제 될 만한 일이 없었습니다. 하지만 사업을 시작하고 나니 해야 할 일들은 너무 많고, 함께 일하는 사람들을 하나의 팀으로 이끌고 간다는 것이 정말 어려웠습니다. 회사에서는 주로 영업을 담당했기 때문에 제품의 품질은 고민할 필요도 없는 기본 조건이라 생각했는데, 맥주 양조라는 제조업에 뛰어들고 보니 제품 자체의 퀄리티를 확보하는 일이 굉장히 어렵다는 사실도 알게 되었습니다.”

본인의 자발적인 의지보다는 아버지의 꿈을 이루기 위해 불현듯 맥주 업계에 투신하게 되었다는 점에서 이웃 나라 일본의 ‘미노 비어Minoh Beer’가 떠오릅니다. 미노 비어는 오사카 북부의 소도시 미노箕面에 있습니다. 1990년대 중반, 지금은 고인이 된 오시타 마사지Oshita Masaji 씨가 설립한 미노 비어는 일본 내에서도 역사가 비교적 길뿐만 아니라, 다수의 국제 맥주 대회에서 수상한 경력을 자랑합니다. 주류 소매점을 운영하던 오시타 씨는 일본 맥주가 좀 더 다채로워지면 좋겠다는 바람 하나로 소규모 양조장을 시작했는데, 맏딸에게 양조와 경영 모두를 일임했습니다. 영문도 모른 채 졸지에 맥주 양조에 끌려온 큰딸 카오리 씨는 당시 대학도 졸업하지 않은 학생 신분이었습니다.

라인도이치 펍과 맥주

초반의 각종 시행착오를 슬기롭게 극복한 미노 비어는 이후 안정적인 궤도에 접어들었고, 언니의 뒤를 따라 둘째와 셋째 딸도 미노 비어에 합류하면서 마침내 세 자매가 함께 아버지의 뜻을 이어나가는 가업이 완성되었습니다. 언젠가 미노 비어와 라인도이치의 협업으로 근사한 맥주가 탄생한다면 재미있는 이야깃거리가 되리라 기대하게 됩니다.

“모르는 게 너무 많은 상태에서 현업에 뛰어들다 보니, 실수도 있었고 매 순간이 배움의 연속이었습니다. 그래도 이제는 어느 정도 실력도 쌓았고 제대로 해낼 수 있다는 자신감도 생겼습니다. 라인도이치라는 명칭처럼, 순수한 독일 맥주를 지향한다는 저희의 모토를 그대로 유지하면서, 시장의 요구에 부응할 수 있는 기본에 충실한 맥주를 만드는 것이 목표입니다.”

잠재적 소비자의 절반 이상이 수도권에 집중되어 있는 상황에서 수도권과 가장 멀리 떨어진 지방 소도시에서 맥주를 만드는 일은 그리 쉽지 않습니다. 직접적인 소비 여력에 한계가 있을 뿐만 아니라, 물류에 들어가는 시간과 비용 역시 늘어날 수밖에 없기 때문입니다. 정통 독일 맥주 스타일 속에 통영만의 매력을 구현하고자 하는 라인도이치의 노력이 더욱 소중한 이유이기도 합니다.

“각종 매체와 인터뷰를 진행하다 보면, 왜 굳이 통영에 터를 잡았느

통영국제음악제 콜라보 맥주

냐는 질문을 많이 받습니다. 처음에는 그냥 통영이 좋아서 그렇다고 이야기했고, 조금씩 다른 이유들을 애써 찾아보기도 했습니다. 그런데 이제 와서 생각해 보면 결국 아버지께서 통영을 사랑하신다는 게 가장 큰 이유이고, 저 역시 아버지처럼 이곳 통영을 사랑하게 되었습니다. 바닷가에 있는 맥주 양조장, 꽤 근사하지 않나요? 그리고 조만간 통영 화훼 농가와의 협업을 통해 꽃잎이 들어간 맥주도 만들 예정입니다. 이미 테스트도 마친 상태입니다."

매년 봄 통영을 아름다운 음악의 향기로 가득 채우는 '통영국제음악제' 또한 라인도이치가 열정을 가지고 참여하는 행사입니다. 작곡가 윤이상이 나고 자란 곳이 통영이고, 활발한 활동 이후 세상을 떠난 곳이 독일 베를린이라는 사실을 고려한다면, 라인도이치야말로 통영 국제음악제와 가장 잘 어울리는 맥주 양조장이라는 자연스러운 결론에 도달하게 됩니다.

"세계 최고의 양조장 가운데 하나인 독일 '바이엔슈테판Weihenstephan'의 '비투스Vitus'를 좋아합니다. 7%가 넘는 고도수의 바이젠복임에도 불구하고, 마시는 데 전혀 불편함이 없고 언제나 다시 마시고 싶은 훌륭한 맥주입니다. 저희가 만들고 있는 바이젠복도 꽤 맛있는 편인데, 비투스에 견줄 수 있는 맥주로 꾸준히 발전시켜 나가고 싶습니다. 그리고 라인도이치에서 빼놓을 수 없는 맥주가 바로 '헬레스'입니다. 첫 잔으로 시원하게 마실 수 있고, 독일식 라거의 매력도 느낄 수 있어서 저 또한 즐겨 마시고 있습니다."

내내 차분하게 이야기를 이어가던 손무성 대표의 눈빛이 문득 반짝이기 시작했습니다. 그의 표정에서 자신이 만드는 맥주에 대한 자부심과 자랑스러움을 느낄 수 있었습니다. 미완으로 남아있던 아버지의 꿈을 제대로 실현하고자 고군분투하는 아들의 패기를 엿볼 수 있는 대목입니다.

전설적인 헐리웃 스타 존 웨인John Wayne은 "맥주가 당신이 가진 문제들을 해결해 주지 못할 수도 있지만, 그건 물이나 우유도 마찬가지"

라고 일갈한 바 있습니다. 라인도이치의 독일 맥주 역시 우리의 고민과 슬픔, 그리고 괴로움을 모조리 없애주지는 못하겠지요. 하지만 바닷가를 바라보며, 혹은 바닷가를 상상하며 마시는 시원한 맥주 한 잔이 작은 위로가 될 수 있다면, 이 또한 분명 반갑고 고맙지 않을까요? 언제 어딘가에서 라인도이치의 맥주를 만나시게 된다면, 귓가에 들려오는 작은 파도 소리에 깜짝 놀라실지도 모릅니다. 바로 지금 저처럼!

- **브랜드명**: 라인도이치
- **브루어리명**: 라인도이치
- **설립 연도**: 2019년
- **형태**: □ 브루어리 ■ 브루펍 □ 직영펍 □ 계약 양조
- **특징**: 경남 통영 바닷가에서 순수령에 입각한 정통 독일 맥주를 만드는 양조장
- **주요 맥주 및 스타일**: 헬레스(라거), 골든에일(에일), 바이젠(밀맥주)
- **주소**: (브루펍)경남 통영시 미우지해안로 103
- **인스타그램**: reindeutsch2019

맥주의 숲을 탐험하는 강인한 고릴라처럼

- 고릴라 브루잉 -

대부분의 사람들이 생각하는 고릴라의 이미지는 정글을 어슬렁거리는 험상궂은 인상의 야생동물입니다. 상대를 위협하기 위해 두 발로 일어서서 주먹으로 가슴을 세차게 두드리는 모습이 먼저 떠오릅니다. 하지만 직접 고릴라를 만나 이처럼 무서운 경험을 해본 사람들은 거의 없을 테니, 이러한 이미지는 아마도 《킹콩》 같은 할리우드 블록버스터 영화에서 비롯된 것이 아닐까 짐작해 봅니다.

막상 동물학자들이 현장에서 관찰한 고릴라의 성격은 공격성이나 호전성과는 상당히 거리가 멀다고 합니다. 침팬지와 더불어 인간과 가장 유사한 유전자를 가지고 있는 고릴라는 자신과 무리가 살고 있는 영역을 침범하지 않는 한 상대방에게 폭력을 행사하는 경우가 거의 없다는군요. 도리어 호기심이 많고 집단 내부의 유대감을 중요시하는 사회적 동물이라 할 수 있습니다.

이름에 걸맞게, '고릴라 브루잉Gorilla Brewing Company'은 훌륭한 맥주를 양조하는 것뿐만 아니라, 이를 중심으로 멋진 커뮤니티를 만드는 것을 목표로 합니다. 정글이 아닌 부산에서 만나는 고릴라의 모습은 과연 어떨지 벌써부터 궁금해집니다.

"저는 고릴라의 CEO로 일하고 있는 폴 에드워즈Paul Edwards입니다. 고릴라의 모든 업무를 총괄하고, 국내외적으로 고릴라가 성장해 나갈 수 있도록 제품의 품질 향상과 혁신을 주도하는 것이 제가 맡은 임무입니다. 양조팀과의 긴밀한 협력을 통해 새로운 제품을 만들고, 보다

고릴라 양조장

강력한 브랜드 정체성을 확립하는 것 또한 제가 해야 하는 일입니다."

많은 사람들이 생각하는 맥주의 종주국은 누가 뭐라 해도 독일입니다. 맥주 애호가라면 독특한 맥주는 주로 벨기에와 미국이라는 인상이 있을 것입니다. 한편 영국 맥주는 별로 알려진 바가 없고, 국내에서 정통 영국 스타일 맥주를 만나기도 쉽지 않습니다. 영국 출신의 폴 대표가 이끄는 고릴라의 맥주가 차지하는 특별한 매력이 바로 여기에 있습니다.

"영국은 에일과 라거 등 여러 맥주 스타일 부분에서 풍요로운 전통이 있습니다. 영국 맥주는 특유의 섬세함과 균형감으로 잘 알려져 있는데, 비록 강렬하지는 않지만 복잡한 풍미를 제공하지요. 이는 좀 더 대담하고 홉이 강조되는 미국 스타일이나, 효모의 역할이 부각되는 벨기에 맥주와 대조를 이룹니다. 고릴라에서는 영국 맥주의 이와 같은 뉘앙스를 충분히 이해하면서, 그 균형감을 양조 과정에 투영시키고자 합니다. 하지만 한국 음식으로 충분히 짐작할 수 있듯이, 한국 사람들이 강렬하고 대담한 풍미를 좋아한다는 것 또한 잘 알고 있습니다. 따라서 좀 더 섬세하고 음용성이 좋은 맥주들 뿐만 아니라, 미각을 시험해 보거나 자극할 수 있는 실험 정신이 깃든 제품들도 함께 만들고자 노력 중입니다."

현재 고릴라의 핵심 라인업을 이루는 '부산 페일 에일Busan Pale Ale'이나 '고릴라 IPA' 같은 제품들이 바로 영국 느낌이 강하게 묻어나는 단아하고 고상한 맥주입니다. 반면 '뉴잉Newing'이나 '홉밤Hop Bomb' 등은 과감하고 모험적인 시도를 보여주는 대표적인 사례라 할 수 있습니다.

"인생에서 가장 중요한 순간들 중 하나가 바로 제 사업 파트너인 앤디의 결혼식을 위한 맥주를 양조했을 때입니다. 개인적으로 가장 좋아하는 맥주 양조법 중 하나를 살짝 변형해서 만들었고, 고릴라 브루잉을 시작하기 몇 달 전에 열린 앤디의 결혼식에서 하객들에게 제공했죠. 이 맥주는 대성공을 거두었고, 나중에 고릴라 IPA로 재탄생했습니다. 이후 고릴라 IPA가 여러 맥주 대회에서 수상했고, 저희의 베스트셀러 맥주 중 하나로 자리 잡았습니다. 친구의 결혼식에서 사람들의 긍정적인 반응을 확인할 수 있었고, 특별한 뭔가를 발견했다는 확

고릴라 IPA와 고릴라 맥주

신을 얻었죠. 고릴라 브루잉을 힘차게 시작할 수 있는 완벽한 타이밍이었던 셈입니다."

여기에서 잠깐 IPA, 즉 인디아 페일 에일에 대해 살펴보는 것도 재미있을 것 같습니다. 간략하게 정의하자면 페일 에일은 맑고 투명한 색의 에일입니다. 최근에는 뿌옇고 탁한 외관의 IPA들이 대세로 떠오르고 있지만, 원래 페일 에일은 진갈색이나 검은색인 스타우트나 포터 같은 스타일과 대비되는 밝은 색상이 특징이었습니다.

맥주의 색상은 로스팅 과정을 거친 맥아의 색깔을 따라가게 되는데, 스타우트와 포터가 검은색에 가까운 것도 바로 이 때문입니다. 그러다 안정적인 화력을 공급할 수 있는 방법이 고안되고, 이를 바탕으로 보다 일관성 있는 가열과 로스팅이 가능해지면서 '거무튀튀하지' 않은 몰트를 쉽게 생산할 수 있게 됩니다.

상대적으로 적은 양의 홉을 사용하는 검은색 맥주는 보리의 구수한 풍미와 빵 같은 고소함이 부각됩니다. 이에 비해 맥주 생산 기술의 진전과 더불어 등장한 페일 에일은 비교적 홉이 전면으로 치고 나오는 경향이 있고, 홉의 특성 가운데 하나인 쌉싸름한 맛이 도드라지는 편입니다. 그래서 당시 영국의 맥주 '얼리어답터' 사이에서 페일 에일이라는 명칭과 함께 '비터'라는 말이 통용되었고, 지금도 영국 대부분의 펍에서 페일 에일이라는 말보다 비터라는 말을 더 자주 들을 수 있습니다.

이 페일 에일은 영국의 식민지였던 인도에도 수출되었는데, 수에즈

운하가 없던 시절 영국에서 인도로 가는 바닷길은 아프리카 남단의 희망봉을 돌아가야 하는 멀고도 먼 여정이었습니다. 냉장 컨테이너는 꿈도 꿀 수 없는 시절이었기에 인도에 도착한 맥주는 대개 변질되거나 상품성이 현저히 떨어진 상태였습니다. 이 문제를 해결하기 위해 양조 업체들은 두 가지 묘안을 떠올리게 됩니다. 하나는 홉의 함량을 높이는 것으로, 홉이 천연 방부제 역할을 한다는 사실에서 착안한 방법이었습니다. 더불어 도드라지는 홉의 풍미로 제품의 변질을 어느 정도 가릴 수 있었기에 여러모로 절묘한 선택이 아닐 수 없습니다. 또 기존의 페일 에일보다 알코올 함량을 높여 부패와 품질 하락을 예방하려고 했는데, 이 또한 설득력 있는 선택이었습니다.

결과적으로 탄생한, 홉의 강렬함이 깃든 고도수의 인도 수출용 페일 에일이 바로 인디아 페일 에일IPA입니다. 지금은 우리나라와 미국을 비롯한 세계 각국의 크래프트 맥주 양조장들이 각자의 개성과 양조 실력을 뽐내고 시장 수요에 부응하기 위해 다양한 IPA 맥주를 앞다퉈 내놓고 있지만, 사실 그 원류는 영국인 셈입니다. 고릴라 브루잉의 영국 DNA가 좀 더 근사하게 느껴집니다.

"부산은 제 마음속에 특별한 자리를 차지하고 있습니다. 절반은 한국인인 저의 두 아이 모두 바로 이곳 부산에서 태어났습니다. 부산은 저에게 정말 많은 것을 선물해 주었고, 이곳의 멋진 커뮤니티와 함께 크래프트 맥주에 대한 열정을 공유함으로써 사람들의 사랑과 관심에 보답하고 싶었습니다. 부산이 지닌 활기찬 문화와 역동적인 맥주 시장이 고릴라를 설립할 수 있는 완벽한 토대가 된 셈입니다.”

고릴라 브루잉이 매주 월요일 저녁마다 진행하는 ‘고릴라 러닝 클럽’은 지역 공동체와의 유대를 지향하는 고릴라의 노력을 보여주는 대표적인 사례입니다. 러닝 클럽은 해운대의 멋진 야경을 배경으로 달리기를 한 뒤 고릴라가 운영하는 탭룸에서 시원한 맥주를 함께 즐기는 프로그램입니다. 누구나 가볍게 참여할 수 있는 정기적 이벤트를 통해 고릴라를 중심으로 탄탄한 커뮤니티가 형성되고 있습니다.

“저희의 목표는 부산, 그리고 대한민국에서 지속적으로 성장하는 것뿐만 아니라, 전 세계적으로 비즈니스를 확장해서 부산을 크래프트 맥주의 허브로 만드는 것입니다. 또한 신제품 베타 테스트 같은, 저희 팬들이 함께 참여할 수 있는 기회를 더 많이 제공할 계획입니다. 이를 통해 커뮤니티와의 관계를 더욱 공고히 하고 싶습니다. 앞으로도 제품 개발과 생산 과정에 부산 시민들의 취향과 의견이 반영될 수 있도록 노력하고자 합니다. 그리고 한 가지 더! 저희가 만들 수 있는 최고 품질의 제품을 출시하는 데 중점을 두고 장기 프로젝트를 진행하고 있는데, 기대하셔도 좋을 것 같습니다.”

우리나라에서 주로 수제 맥주라는 이름으로 통칭되는 크래프트 맥

주는 대기업의 자본이나 시장의 논리보다는 소비자와 생산자의 취향과 개성이 돋보이는 맥주를 만드는 것이 특징입니다. 가까운 일본에서는 지비루地ビール, 지역 맥주라는 명칭이 널리 사용되고, 북미나 유럽에서는 로컬 비어local beer라고 부르기도 하니, 맥주 자체의 개성도 중요하지만, 해당 지역의 특성과 배경을 담아내는 것 역시 크래프트 맥주에서 커다란 부분을 차지하는 듯합니다. 그런 의미에서 부산의 자부심이자 부산의 상징이 되고 싶은 고릴라의 포부는 크래프트 맥주의 정신을 제대로 구현하고 있다고 믿습니다.

"저는 5년 뒤 고릴라가 아시아 최대 규모의 크래프트 맥주 양조장이 될 수 있기를 바랍니다. 규모뿐만 아니라 품질과 혁신에 대한 헌신으로 인정받는 브랜드가 될 수 있으면 좋겠습니다. 부산은 물론 한국 사람들이 진정으로 자랑스러워할 수 있는 양조장이 되는 것이 저희의 목표입니다. 10년 뒤에는 고릴라 하면 곧바로 뛰어난 품질의 맥주가 떠오르고, 업계의 선두 주자로 전 세계에 알려질 수 있기를 바랍니다. 그런 날이 올 때까지 고릴라는 국내외

고릴라 배럴 리저브

에서 혁신과 확장을 계속해 나갈 것입니다."

우리말과 영어의 발음이 동일한, 누구나 쉽고 편하게 다가갈 수 있는 이름으로 선택된 고릴라! 부산에서 탄생한 고릴라가 맥주의 숲을 뛰어다니며 펼치는 모험이 우리의 마음을 설레게 합니다. 고릴라가 보여줄 흥미진진한 미래의 모습이 벌써부터 기대됩니다. 대한민국 부산의 고릴라가 세계인의 고릴라가 되는 그날까지, 우리 함께 치어스!

- **브랜드명**: 고릴라 브루잉
- **브루어리명**: 고릴라 브루잉
- **설립 연도**: 2016년
- **형태**: □ 브루어리 ■ 브루펍 ■ 직영펍 □ 계약 양조
- **특징**: 영국 맥주의 전통을 바탕으로 협업과 실험 정신이 깃든 맥주를 만듦
- **주요 맥주 및 스타일**: 뉴잉(IPA), 고릴라 IPA(IPA), 부산 페일 에일(페일 에일)
- **주소**: (브루펍)부산 해운대구 해운대로 570번길 46
  (직영펍)부산 해운대로 달맞이길 30 포디움동 1층 1041호 고릴라비치
- **홈페이지**: www.gorillabrewingcompany.com
- **인스타그램**: gorilla_brewing
- **페이스북**: gorillabrewinghaeundae?_rdr

BRIDGE

맥주 한 잔으로 시작하는 선명한 행복감

송효정

맥주와 맛있는 안주를 페어링하는 재미에 빠져 퇴근 후 어떤 맥주에 무슨 안주를 만들어 마실지만 고민하던 집구석 술쟁이였으나, 혼자서만 맥주의 매력을 알아가는 것이 아쉬워 〈맥주 한잔〉이라는 유튜브 채널을 열고 '한잔'으로 활동하고 있습니다. 덕분에 맥주 관련 저서들을 집필한 유수의 작가들과 인연을 맺게 되었고, 이렇게 《우리 동네 크래프트 맥주》에서 브릿지 글을 담당하는 영광을 누리게 되었습니다. 독자들의 설레는 시간에 제가 쓴 취함의 기록들이 작은 지표가 되길 바라는 마음으로, 주선자의 심정을 담았습니다. 여러분의 인생에도 맥주가 주는 행복이 몇 페이지 더해지길 바라며. Cheers!